COMO TUDO COMEÇOU

PARA
HELENA,
MEU UNIVERSO...

Agradeço a Abd al-Rahman al-Sufi, Aglaonice de Thessalia, Albert Einstein, Arno Penzias, Carl Sagan, Cecilia Payne, Charles Messier, Christiaan Huygens, Edmond Halley, Edwin Hubble, En-Hedu-Anna, Eratóstenes de Cirene, Frank Drake, Galileu Galilei, Giovanni Cassini, Harlow Shapley, Henrietta Leavitt Swann, Hiparco, Hypatia de Alexandria, Isaac Newton, Johannes Kepler, Katie Bouman, Marcelo Gleiser, Nancy Grace Roman, Neil deGrasse Tyson, Nicolau Copérnico, Ptolomeu, Robert Wilson, Ronaldo Mourão, Sophie Brahe, Stephen Hawking, Tycho Brahe, William Herschel, Yeda Veiga Ferraz Pereira e todos aqueles que, como esses, moldaram nossa visão dos céus e do universo ao longo do tempo.

No início, era tudo muuuiiito escuro. Naquele tempo, nada existia...

O tempo, o espaço, os planetas, as plantas, as pessoas... Nem mesmo a luz havia nascido ainda.

Consegue imaginar?

E, de repente, um pontinho superminúsculo chamado de Singularidade surgiu...

Esse era o nome esquisito do universo antes de ele nascer.

Já pensou?

Ninguém sabe como nem por que ele apareceu, mas era um pontinho muitíssimo pequeno e cheio de energia.

Tão pequeno, mas tão pequeno, que cabia na palma da sua mão!

De repente...

...uma grande
explosão aconteceu:

O Big Bang!

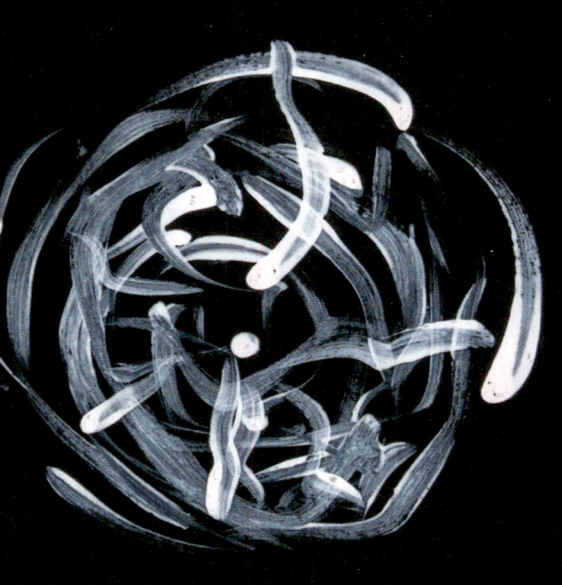

E o universo nasceu!

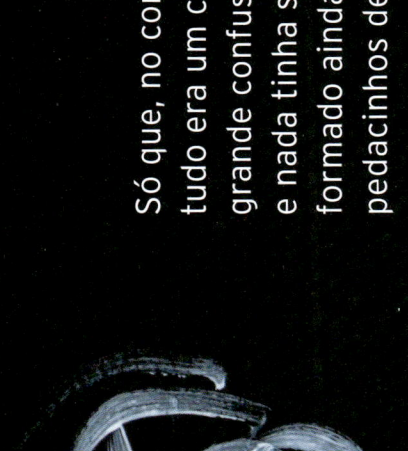

Só que, no começo, tudo era um caos (uma grande confusão) e nada tinha sido formado ainda. Só havia pedacinhos de matéria.

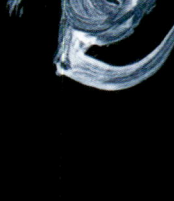

Mas, enfim, o caos do início começou a se organizar.

Pouco a pouco, tudo foi tomando seu lugar e...

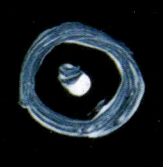
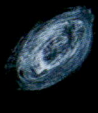

...as primeiras galáxias apareceram.

Galáxias são como berçários gigantes onde são formados estrelas, planetas, cometas e tudo mais que há no universo.

O universo tem muitos tipos de galáxias.

Cada tipo com uma forma diferente.

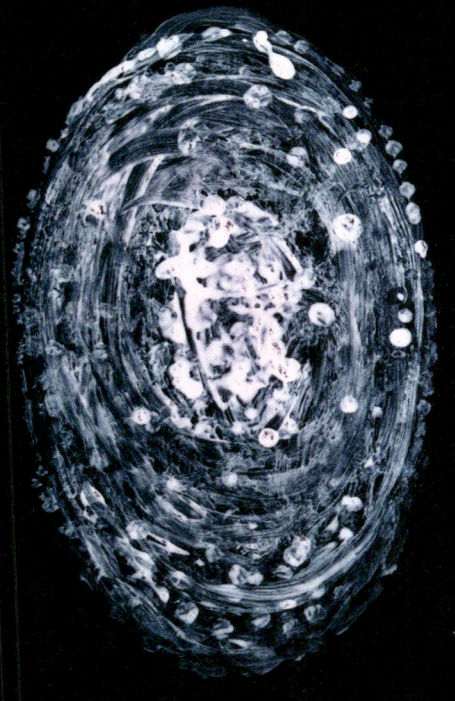

Tem as elípticas, que parecem um ovo....

...e outras que são mais esticadas.

16 | 17

18 | 19

As espirais...

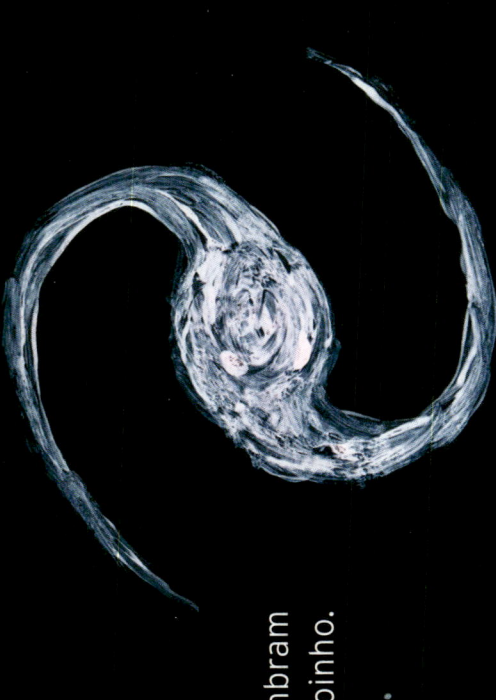

...que lembram um redemoinho.

20 | 21

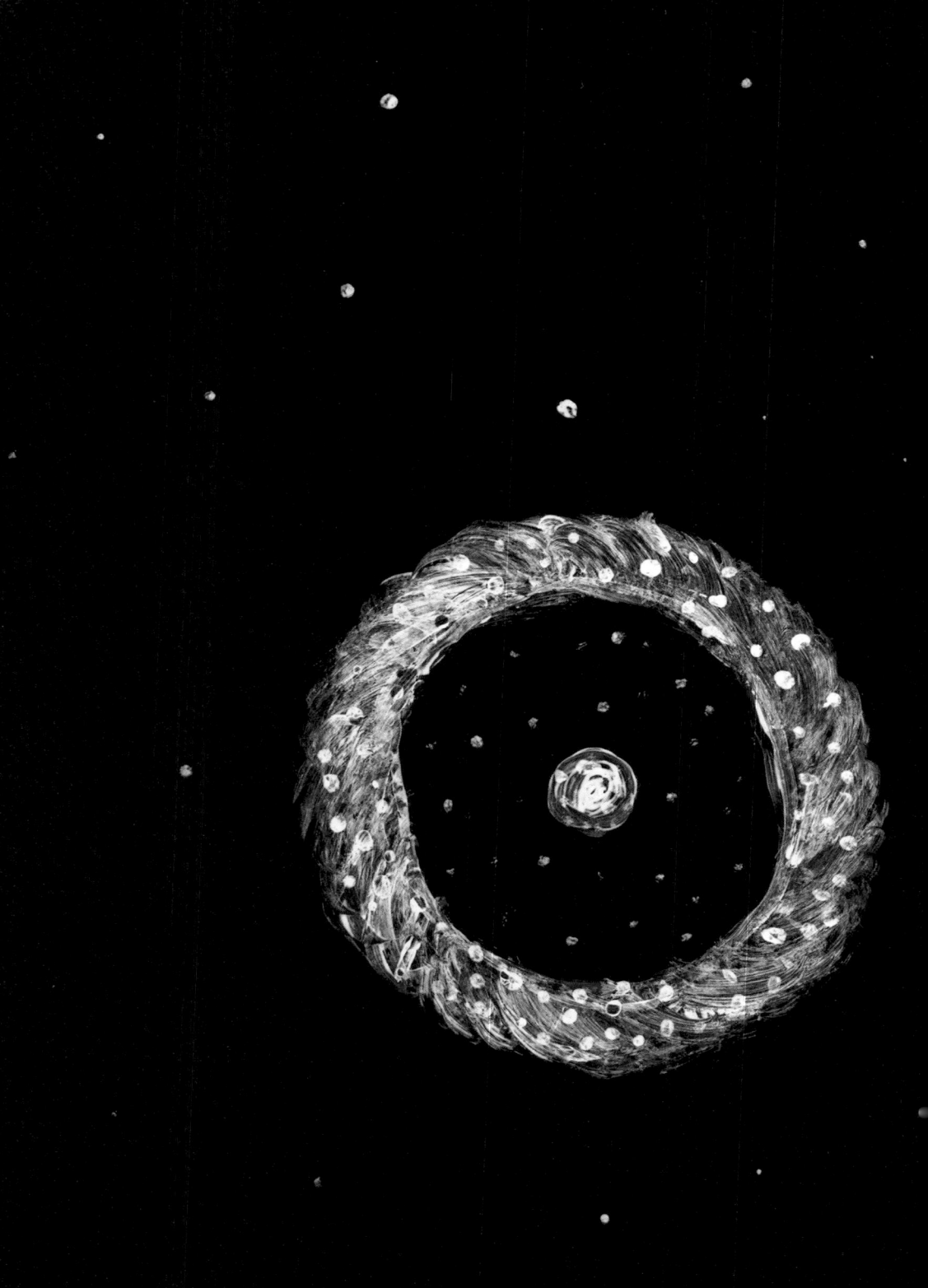

E até umas galáxias esquisitas...

...em forma de anel.

A nossa galáxia é a Via Láctea, e seu formato é espiral.

Ela tem bilhões de estrelas como o Sol.

Nosso sistema solar fica ali perto daquele ponto vermelho pequenino...

Consegue enxergar?

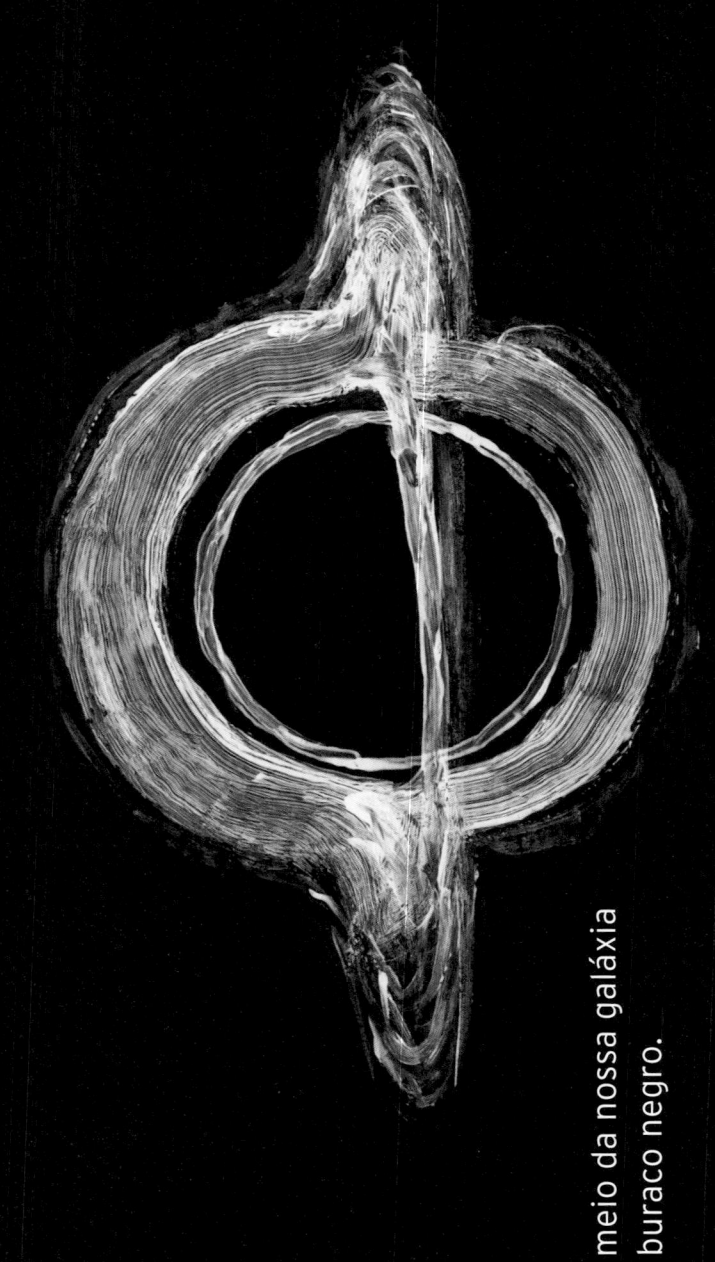

Bem no meio da nossa galáxia tem um buraco negro.

Um lugar tão escuro, mas tão escuro, que nem a luz consegue escapar lá de dentro.

Por sorte, a gente fica bem longe dele...

...no Braço de Órion da Via Láctea.

Olha a gente ali!

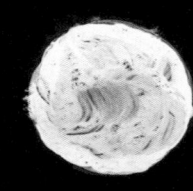

Há muitos tipos
diferentes de estrela.

Tem as anãs brancas
e as gigantes azuis...

As gigantes vermelhas...

...e as anãs amarelas como o nosso Sol.

Apesar de ser chamada de anã, ele é muuuuito quente e grande. Mal cabe na foto.

Uma verdadeira fornalha com vários planetas ao redor.

Os nove planetas ao redor do Sol são:

Mercúrio, Vênus, Terra, Marte, Júpiter, Saturno, Urano, Netuno e... Plutão.

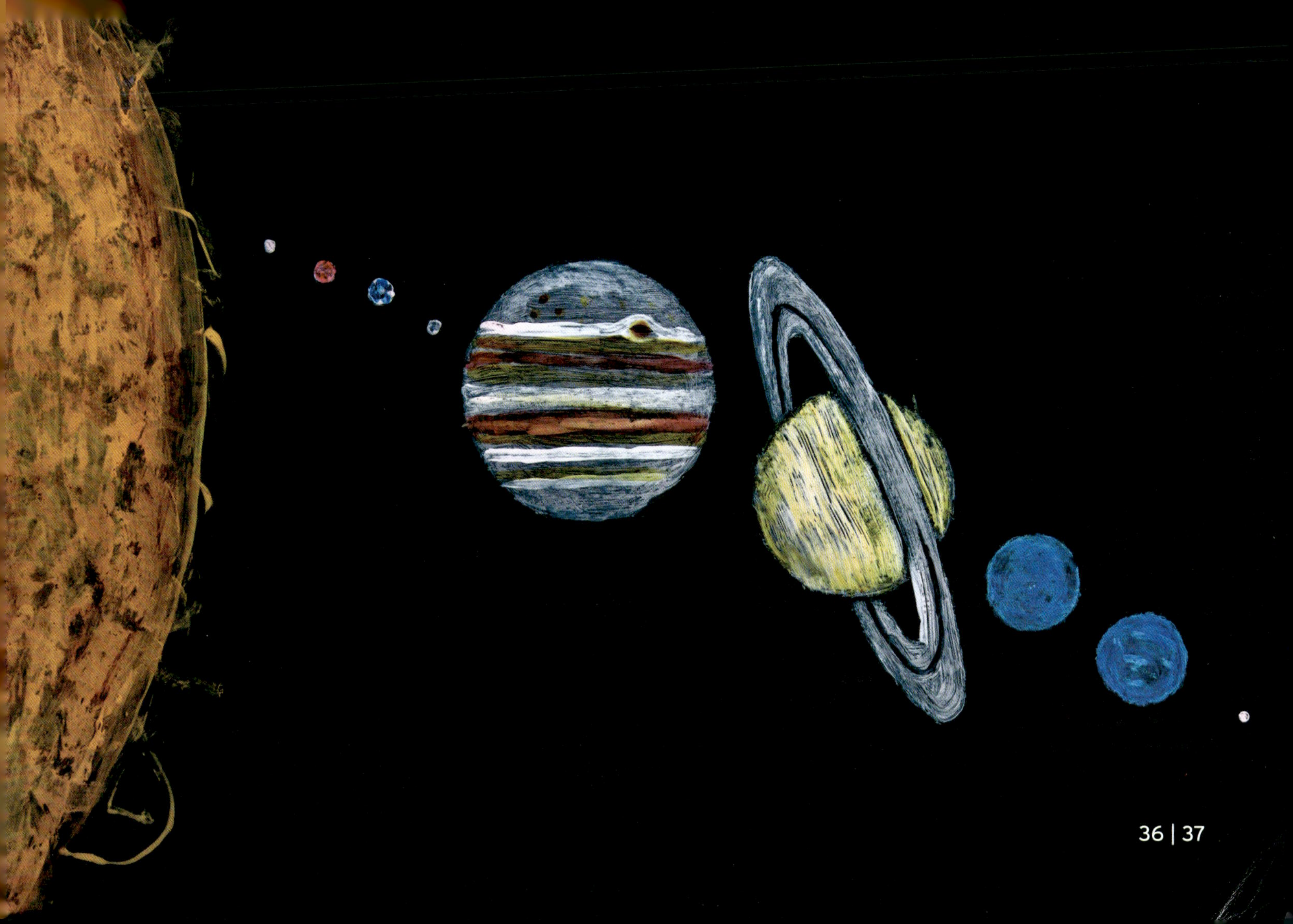

A Terra é o terceiro planeta mais perto do Sol. Por isso, tem a temperatura ideal para ter água em estado líquido.

Só há vida onde existe água.

E, como aqui há mais água do que terra, deveria até se chamar planeta Água.

Um pálido pontinho azul no espaço.

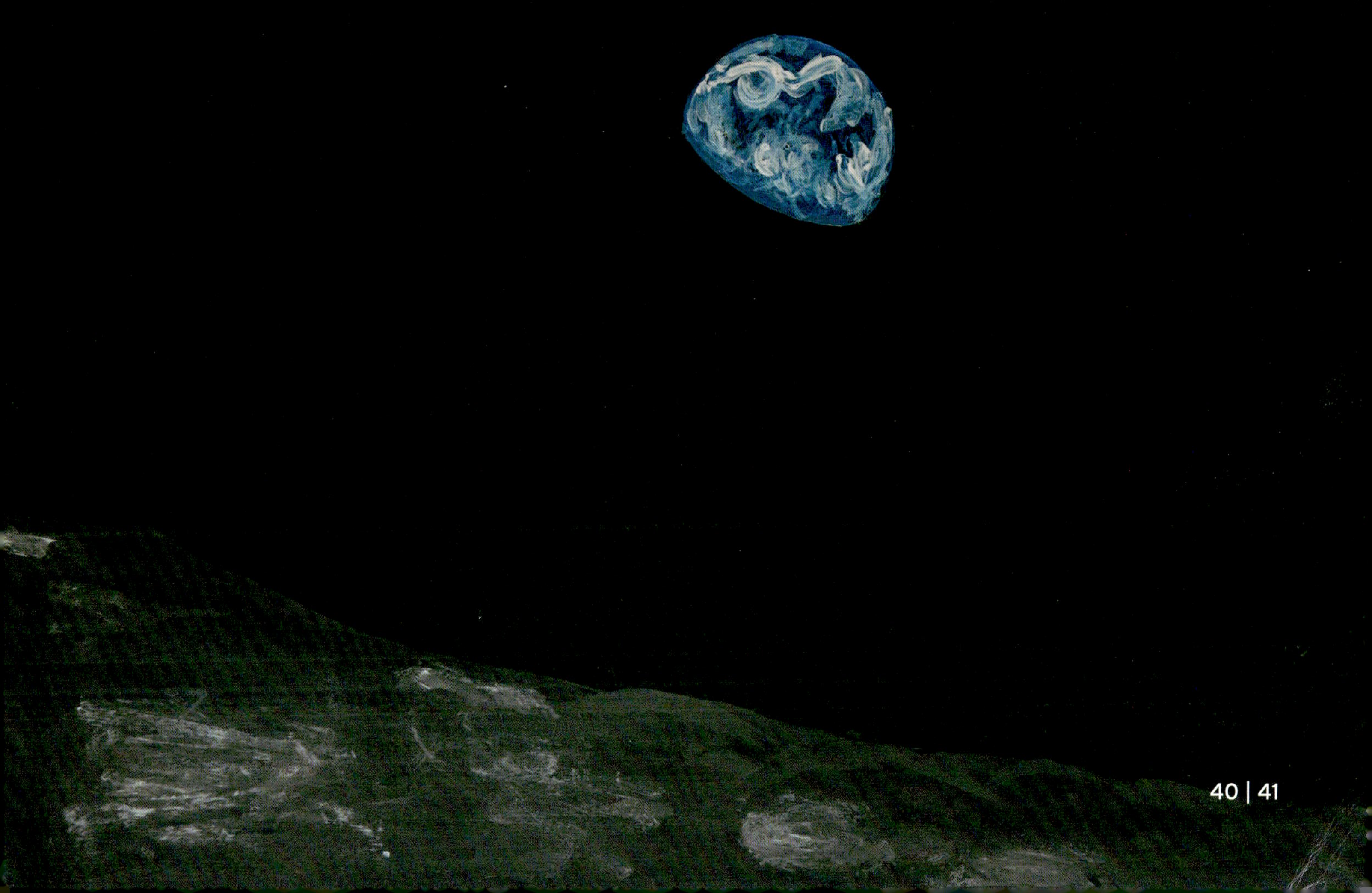

A Terra sempre caminha acompanhada.

É a Lua a companheira de sua dança pelo espaço.

A Terra é nossa única casa no universo.

Temos que cuidar dela!

42 | 43

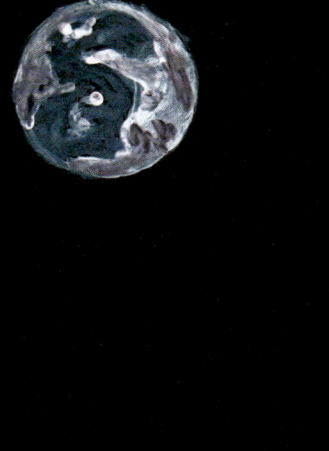

E agora, toda vez que você olhar para o céu à noite, vai se lembrar que a gente vive dentro desse Big Bang...

...onde se criou tudo que existe: das estrelas ao que há dentro de nós.

Assim, somos parentes das estrelas!

44|45

Agora, mais algumas coisinhas para os curiosos:

- O universo tem incríveis 13,73 bilhões de anos. Velhinho pra caramba! Se nós pudéssemos condensar a idade dele em apenas um ano, ficaria assim: o Big Bang teria ocorrido à zero hora de 1º de janeiro, enquanto o primeiro ser humano só teria aparecido na Terra faltando apenas 21 segundos para acabar o dia 31 de dezembro do mesmo ano. Viu como a gente é só uma criança nessa história?

- A Via Láctea tem muito mais que 100.000.000.000 de estrelas (100 bilhões). O Sol é apenas mais uma entre tantas. De todo esse monte de estrelas, só umas 5 mil são visíveis a olho nu. Para a gente ver as muitas outras que se escondem, nossos olhos precisam "vestir" lunetas ou telescópios.

- Júpiter é tão grande que tem 2,5 vezes a massa de todos os outros planetas juntos. Já Plutão é tão pequeno que algumas luas e Saturno são maiores, e, mesmo rebaixado a planeta-anão pelos astrônomos, continuo chamando ele de planeta. No caso de Ceres e Eris, outros planetas-anões que ficam depois de Plutão, tenho tanto apego a eles.

- O nome dos planetas foi escolhido em homenagem a vários deuses:

  - Como Mercúrio é o que se move mais rápido, tem o nome do mensageiro dos deuses.
  - Já Vênus, nome da deusa da beleza, é o que brilha mais entre todos.
  - O deus da guerra, Marte, dá nome ao planeta cor de sangue.
  - Júpiter (nome latino de Zeus), deus do Olimpo, nomeia o maior dos planetas.
  - Saturno, como é o mais lento, tem o nome do deus do tempo.
  - Urano, pelo seu brilho azulado, ganhou o nome do deus grego do céu, e o outro gigante azulado, Netuno, tem o nome do deus romano dos mares.
  - Por fim, o escondido Plutão tem o nome do deus romano dos mortos e das riquezas.

Quem fez este livro?

Essa história que você acabou de ler foi escrita e desenhada por Bruno, que não gosta muito de dormir e adora ficar acordado à noite, olhar para o céu noturno e fazer livros assim.

Mas quem é mesmo esse Bruno?

Ele é filho de Zeca e Elita, irmão de Felipe e Lívia e neto de José, Maria, Jaime e Helena.

Ele é pai de outra Helena, garotinha que foi gerada com Luíza, filha de João e Ana (esta última virou estrelinha e juntou-se a Jaime e Helena, que chegaram no céu antes dela).

A menininha – que tem no nome os raios do Sol – ilumina nossa vida já há quatro anos.

Bruno é também é tio orgulhoso de Lucas, Tomás (o Pequeno), Gabriel, Tomás (o Grande), Clara, Henrique e Pedro. E tio postiço de João e de outro Gabriel.

O último desenho deste livro é um mapa das estrelas às 21h57 do dia 5 de junho de 2015, dia e hora em que meu universo se expandiu.

Essa gente toda que você acabou de conhecer é apenas uma ínfima fração dos mais de 7 bilhões de seres humanos que vivem na Terra – que é apenas um planetinha perdido girando em torno do Sol, que é apenas uma estrela entre mais de 10 sextilhões de estrelas que existem espalhadas por aí, entre as mais de 2 trilhões de galáxias que existem. Apesar disso, essas pessoas são todo o universo para mim!

Copyright © 2019 Bruno Mendonça Coêlho

Todos os direitos reservados a Pólen Livros e protegidos pela Lei nº 9.610, de 19.2.1998. É proibida a reprodução total ou parcial sem a expressa anuência da editora.

Este livro foi revisado segundo o Novo Acordo Ortográfico da Língua Portuguesa de 1990, que entrou em vigor no Brasil em 2009.

Direção editorial: **Lizandra Magon de Almeida**

Coordenadora editorial: **Luana Balthazar**

Revisão: **Soraia Bini Cury / Equipe Pólen Livros**

Projeto gráfico e diagramação: **dorotéia design**

Ilustrações: **Bruno Mendonça Coêlho**

Dados Internacionais de Catalogação na Publicação (CIP)
Angélica Ilacqua CRB-8/7057

Coêlho, Bruno Mendonça
  Universo / Bruno Mendonça Coêlho. -- São Paulo : Pólen, 2019.
  48 p. : il., color.

ISBN 978-85-98349-95-4

1. Literatura infantojuvenil 2. Astronomia - Literatura infantojuvenil 3. Espaço - Literatura infantojuvenil I. Título

19-1993   CDD 028.5

Índices para catálogo sistemático:
1. Literatura infantojuvenil

Pólen

www.polenlivros.com.br
www.facebook.com/polenlivros
@polenlivros
(11) 3675-6077

O PODER DO RESPEITO

E SUAS SETE LEIS FUNDAMENTAIS

PARA MIM
PARA O OUTRO
PARA O TODO

Copyright © Eduardo Elias Farah, 2023

Todos os direitos reservados à Editora Jandaíra e protegidos pela Lei 9.610, de 19.2.1998. É proibida a reprodução total ou parcial sem a expressa anuência da editora.

Este livro foi revisado segundo o Novo Acordo Ortográfico da Língua Portuguesa.

Direção editorial
Lizandra Magon de Almeida

Assistência editorial
Maria Ferreira

Preparação de texto
Leticia Figueiredo | Logarina

Revisão
Equipe Jandaíra

Diagramação
Débora Bianchi | Biancheria

Capa e Projeto gráfico
Felipe Nuno

Dados Internacionais de Catalogação na Publicação (CIP) (Câmara Brasileira do Livro, SP, Brasil)

Farah, Eduardo Elias

O poder do respeito: e suas sete leis fundamentais: para mim, para o outro, para o todo / Eduardo Elias Farah – São Paulo, SP: Editoria Jandaíra, 2023

ISBN 978-65-5094-059-1

1. Autoajuda 2. Autoconhecimento 3. Relacionamentos 4. Respeito I. Título

23-176250   CDD 158.2

Índices para catálogo sistemático:

1. Relacionamentos interpessoais : Psicologia aplicada   158.2

Tábata Alves da Silva - Bibliotecária - CRB-8/9253

jandaíra

Rua Vergueiro, 2087 cj. 306 • 04101-000 • São Paulo, SP
11 3062-7909   editorajandaira.com.br
Editora Jandaíra   @editorajandaira

EDUARDO ELIAS FARAH

O PODER DO RESPEITO

E SUAS SETE LEIS FUNDAMENTAIS

PARA MIM
PARA O OUTRO
PARA O TODO

jandaíra

Sumário

Perdão e Agradecimentos   6

Introdução   8

Parte I – Os fundamentos do respeito   11

1. O poder do respeito e o desrespeito estrutural   12
2. As Sete Leis Fundamentais do Respeito   19
3. Mapa do Respeito   32

Parte II – Respeito na psique humana   49

4. Respeito e atenção   50
5. Respeito e indiferença   54
6. Respeito e autoconhecimento   57
7. Autorrespeito   62
8. Respeito, ética e amor   67
9. Respeito, julgamento e crenças   70
10. Respeito e intenção   77
11. Respeito, injustiça e vitimização   82

Parte III – Respeito nas relações   89

12. Respeito, pais e filhos/as   90
13. Respeito e o nascimento   97
14. Respeito na educação – professor e aluno   107
15. Respeito e o feminino   124
16. Respeito e o masculino   132
17. Respeito e os relacionamentos   137
18. Respeito e a relação conjugal   143
19. Respeito e a natureza   147

20. Respeito e alimentação — 150
21. Respeito, religião e espiritualidade — 154

Parte IV – Respeito nas Organizações e nos Sistemas — 159

22. Respeito e saúde — 160
23. Respeito, consumo e investimento — 166
24. Respeito e a empresa — 171
25. Respeito e liderança — 176
26. Respeito, compliance e ESG — 181
27. Respeito na comunicação — 197
28. Respeito nas mídias sociais — 205
29. Respeito na política — 209
30. Respeito e o mundo jurídico — 213
31. Respeito e tecnologia — 218
32. Cultura do Respeito — 226

Referências bibliográficas — 230

Perdão e agradecimentos

Durante o processo de escrever este livro, e olhar o desrespeito no mundo, pude olhar também dentro de mim e perceber quantas vezes eu desrespeitei a mim mesmo e a diversas pessoas, inclusive pessoas muito próximas. A todas/os, sem exceção, eu peço perdão.

A concretização deste livro só foi possível com a ajuda que recebi de muitas pessoas e, portanto, tenho aqui muitos agradecimentos a serem feitos, sendo:

A todos os meus alunos e ex-alunos dos cursos de ética de diversos MBAs da FGV, com os quais desde 2004 tenho podido refletir, ensinar e aprender sobre ética e respeito;

A todas as pessoas que impactaram na minha vida, como ex-companheiras, companheira, amigos e amigas, irmãos e irmãs, de sangue e de coração, a toda a minha família, meus pais, tios, filhos, pois aprendi e aprendo muito sobre respeito com todas elas;

Às muitas pessoas que responderam às minhas diversas pesquisas, sobre variados temas, em diferentes formatos (pessoal, eletrônico, com identificação, sem identificação) e a algumas pessoas e especialistas que me ajudaram e ou fizeram diferença no meu entendimento sobre respeito, como: Alexandre Moreira Nascimento, Annelys Sapin de Almeida, Carlos Alberto Lopes Durães, Clayton Revoredo Pernambuco – Prem Alok, Claudia Regina Sanchez, Cristiana Torres Gonzaga, Érica dos Santos Teodoro, Fabiana da Silva Oliveira, Francisca Chagas Siqueira Arara – Dona Francisquinha, Guilherme Garcia Lopes, Lileshvari Mataji, Lorene Soares, Mariana Menezes Rocha, Marilidia Manhães Reis, Mônica Maria Egydio Rameh, Prem Ishwari, Prem Mukti Mayi, Sitah, Rafael Parente, Renata Sturm, Stephanie Sapin, Tainá Aguiar Junquilho, Valdemir Batista Gomes – Pajé Naynawa Shanenawa. A todos, muito obrigado pela contribuição que deram para que o conteúdo deste livro fosse melhor;

À minha amiga, incentivadora, "mentora de livro" e primeira revisora, Santosha Natália Fontes Garcia, por toda a força, campo propício e trabalho concreto para lapidar este livro;

À Lizandra Magon de Almeida, minha editora, que acreditou no livro e tornou possível a sua publicação;

Por último, agradeço a todo o conhecimento, inspiração e suporte espiritual que recebi e recebo dos meus guias e mentores, na minha vida e na elaboração deste livro, principalmente dos amados Mestre Império Juramidam e Sri Sachcha Prem Baba Maharaji. Eles me lembram da minha essência, que tem em seu propósito o respeito, e me ensinam, de verdade e acima de tudo, a respeitar a mim, a todos e a tudo. Muito obrigado.

Introdução

"Se eu pudesse deixar algum presente a você, deixaria aceso o sentimento de amar a vida dos seres humanos. A consciência de aprender tudo o que foi ensinado pelo tempo afora. Lembraria os erros que foram cometidos para que não mais se repetissem. A capacidade de escolher novos rumos. Deixaria para você, se pudesse, o respeito àquilo que é indispensável. Além do pão, o trabalho. Além do trabalho, a ação. E, quando tudo mais faltasse, um segredo: o de buscar no interior de si mesmo a resposta e a força para encontrar a saída."
Mahatma Ghandi

Eu, como todos, sou um ser em constante desenvolvimento. Nesta caminhada descobri que respeito é a pedra fundamental da construção de um ser melhor. Descobri isso depois de muitas crises, depois de tomar consciência de muitos desrespeitos que vieram na minha direção, desde bem pequeno, e dos que foram na direção dos outros, vindos de mim. Tenho consciência de que já desrespeitei cada uma das leis sobre respeito que são tratadas neste livro e não posso dizer que não cometerei mais erros. Por um lado, aceito a minha humanidade e, por outro, me dedico a melhorar-me. Uma direção não anula a outra. Aprendi que precisamos entender as nossas falhas, e aceitá-las, sem nos culparmos e autoflagelarmos, mas, ao mesmo tempo, tendo a consciência de que precisamos ir além delas, no devido tempo, a partir de uma ampliação da consciência.

Um momento importante nesse processo se deu em 2020, durante a pandemia da Covid-19, quando entrei em uma grande crise interna. Meu relacionamento de muitos anos estava se desfazendo e eu, inicialmente, me sentia desrespeitado. Depois, pude perceber que o desrespeito acontecia nas duas direções. Ao mesmo tempo, olhava para o mundo e via desrespeito em quase tudo. Era desrespeito causando desrespeito. Decidi estudar o que significava isso dentro de mim, o motivo de eu estar naquele lugar, o que eu fazia que gerava isso e como isso poderia ser mudado em mim e em tudo. Comecei olhando para dentro, para depois olhar fora. Daí entendi que a resposta era o respeito e que precisava escrever um livro sobre esse tema.

Nesse mergulho, descobri que o respeito é o que eu mais precisava em minha busca e era também o que mais me fortalecia. E que o respeito começa com o autorrespeito. Entendo que é a base para mim, da mesma forma que para todos. O respeito/autorrespeito é um dos valores fundamentais para o propósito, o crescimento, a paz, a cultura da regeneração, a igualdade e todos os temas que levam à liberdade e à felicidade das pessoas, para viverem em harmonia consigo mesmas, com os outros, com a natureza e com o todo. Descobri que não existem exceções para o respeito. Assim, desta minha experiência, reflexão e aprendizado construí esta obra e pretendo mostrar a força do respeito, que eu considero um sinônimo de amor e ética.

Há três aspectos principais para os quais quero chamar sua atenção neste livro. O primeiro é o autoengano que envolve o respeito, pois a quase totalidade das pessoas diz que respeito é fundamental e acha que age com respeito. O que vemos, porém, é que em grande parte das vezes isso não acontece. Ao contrário, vivemos em um mundo em que normalizamos o desrespeito, tornando-o estrutural. E acusamos os outros de desrespeito, mas não percebemos que fazemos o mesmo, ou pior. O segundo é destrinchar o que chamei de Sete Leis Fundamentais do Respeito, que servem de base para entender e agir. E o terceiro é uma metodologia (um mapa) que vai te ajudar a fazer um diagnóstico de como você está em relação ao respeito, uma ferramenta importante para que possa receber o conteúdo deste livro de forma mais assertiva e útil.

Esses aspectos são importantes, pois ajudam em um processo de transformação. Entendo que o respeito, que gera um grande poder, é aprendido aos poucos, em uma jornada que nos leva da violência à paz, do medo à confiança e do egoísmo para o altruísmo. A percepção da realidade e de que se trata de uma escolha agir com respeito traz um ponto de mutação nesta jornada. E essa é uma das ênfases deste livro.

Para ajudar neste caminho, dividi o livro em quatro partes, com focos diferentes. As duas primeiras considero como de base para o entendimento do Respeito, pois abordam a sua lógica, suas Sete Leis Fundamentais, uma forma de mapearmos com objetividade a sua existência ou ausência, o autorrespeito e os diversos aspectos da nossa psique que afetam a nossa percepção, entendimento, uso e aplicação do respeito. A terceira parte trata do respeito nos diversos tipos de relações e a última aborda a existência e os aspectos do respeito nas organizações e sistemas.

Confesso que, ao escrever alguns capítulos, muitas vezes me vi em um conflito interno, pois poderia aprofundar ainda mais em parte dos temas aqui retratados. Porém, como o objetivo principal do livro é dar uma visão ampla sobre respeito, tentei encontrar o caminho do meio e oferecer o necessário para uma primeira reflexão. Vejo que ainda há oportunidade de que outros livros possam nascer a partir do aprofundamento de capítulos específicos.

Você pode ler o livro de diversas formas, mas eu sugiro que inicie pelo primeiro bloco. O segundo também ajuda a entender melhor o respeito dentro de nós. A partir do terceiro, você pode ler na sequência de cada capítulo ou escolher pelos temas que mais te interessam, dentro da sua realidade/necessidade.

Por último, sugiro que você leia este livro sem pressa, com atenção, aproveitando a jornada. Tenha um caderno ou outra forma de anotar as suas percepções sobre você mesmo, que provavelmente surgirão durante uma leitura atenta. No meu caso, ao mesmo tempo que escrevia o livro, passei por diversos processos internos, tendo acesso e compreendendo aspectos meus até então pelo menos parcialmente desconhecidos. Espero que o mesmo possa ser vivenciado por você.

Que o respeito possa te dar força para ser livre, para ser você mesmo e para ser feliz – que é tudo uma coisa só, e é o que mais agrega valor à experiência humana. Além de ser também um sinônimo de autorrespeito.

PARTE 1
Os fundamentos do respeito

1.
O poder do respeito e o desrespeito estrutural

"Liberdade não é meramente tirar as correntes de alguém, mas sim viver de uma forma que respeita e aumenta a liberdade dos outros."
Nelson Mandela

Respeito é uma palavra muito usada, mas que, exatamente por seu uso contínuo e muitas vezes inadequado, acabou perdendo sua força. Entretanto, respeito é uma das coisas mais necessárias para que o ser humano encontre o que a liberdade, a paz e a felicidade. Veremos que respeito é a síntese de tudo o que precisamos.

Alguns usam a palavra respeito relacionada principalmente a atender uma regra, uma pessoa mais velha, alguém com um título ou cargo importante ou ainda como parte da etiqueta ou de um protocolo social. Mas veremos que é muito mais do que isso.

Existem diferentes formas de se definir respeito. No dicionário, algumas são: tomar em consideração e preocupar-se com. Vem do latim respectare, que significa olhar para trás e estar à espera. É uma atitude que consiste em não prejudicar alguém ou uma coisa. Respeito é um valor ativo, pois não é suficiente não fazer o mal; envolve também se preocupar consigo e com os outros, fazendo o bem. Há também o respeito pela regra de ouro de "não fazer ao outro o que não quer que façam a você", mas ainda vai além. Por considerar e se importar, respeito busca fazer ao outro e a si o que é importante, o que contém cuidado e amor.

Para a filosofia, uma das definições de respeito é o reconhecimento da dignidade própria ou alheia e o comportamento inspirado nesse reconhecimento. Há uma relação direta entre respeito e dignidade, pois a segunda é base para a definição da primeira.

Respeito é fazer o que deve ser feito e não fazer o que não deve ser feito. É agir da mesma forma consigo mesmo que para com os outros (exceto se eles precisam de outra coisa), quando as pessoas estão vendo e quando as pessoas não estão vendo. É um dos valores basilares à sociedade humana, juntamente com a Justiça.

Respeito significa reconhecer a si mesmo e reconhecer o outro, suas diferenças, e considerar esse fato (alteridade). Traz a noção de se colocar no lugar do outro (empatia), indo além de uma visão egocêntrica, ampliando a sua sensibilidade e tendo uma preocupação genuína com o outro, um respeito e cuidado com o bem-estar integral de todos os seres, inclusive de si mesmo. É base para o entendimento e o uso da não violência.

Outra forma de olhar o respeito é a partir da inexistência de qualquer tipo de violência, seja ativa, como nas palavras e ações, seja passiva, nos sentimentos e pensamentos. O conceito de Ahimsa – que significa nenhum tipo de violência, e que vai crescendo aos poucos dentro de nós –, presente na filosofia védica, ajuda a explicar sobre o respeito.

Neste livro, respeito é definido como um conjunto de pensamentos, sentimentos, palavras e ações que focam e agem para cuidar, ajudar, ter consideração, se importar, não julgar e desejar o bem e o bom a si e a todos. Ele se inicia com a intencionalidade positiva e a não violência, mas exige muitos outros elementos. É o espelho do melhor do ser humano, daquilo que o dignifica. E começa com o respeito por si mesmo – autorrespeito.

Aprender a respeitar e agir de forma coerente nos dá um grande poder. Embora pareça simples e todos tendam a dizer que compreendem a importância do respeito e que agem a partir dele, não é isso o vemos no mundo, nas relações e nas diversas áreas da vida. Respeito sempre foi importante, mas no atual contexto em que vivemos ele se torna fundamental e, talvez, o único caminho para nossa sobrevivência e para sermos felizes.

Ele se manifesta de algumas formas mais concretas e de outras mais sutis em nossas vidas. O respeito por si mesmo é o primeiro passo, pois significa seguirmos aquilo que o coração determina, que é a vontade sincera da alma, do ser. Esse respeito exige conexão consigo mesmo e uma compreensão mínima de quem somos e do que viemos fazer aqui. A busca pela resposta a essas duas questões está diretamente associada ao respeito ao nosso papel e propósito neste mundo.

É fato que esse respeito é bastante profundo e demanda muita determinação, pois, para que ele aconteça, a disciplina é fundamental, particularmente a autodisciplina. Aqui não se trata da disciplina relacionada àquilo que os outros nos mandam fazer, mas aquela à qual você se propõe para que sua força de vontade esteja a serviço do seu ser, do seu melhor. Isso também é algo obtido com foco, determinação e muita atenção. Os esforços em dominar nossa mente e nossos sentidos, sem reprimi-los e sem, ao mesmo tempo, se deixar levar por eles, são fundamentais para que possamos respeitar aquilo que viemos fazer e que é importante para nós. É isso que vai fazer diferença para a nossa felicidade, assim como para a felicidade dos demais.

Como apontamos, o respeito está ligado à não violência. Não dá para respeitar e, ao mesmo tempo, agir com violência, pois o ato de ferir alguém é um desrespeito. Isso não significa aceitar qualquer coisa que nos façam quando nosso espaço é invadido. É preciso posicionar-se, mas sem reagir à atitude do outro. Reagir significa agir a partir da provocação que foi feita, com a mesma lógica do nosso "agressor". Por exemplo: se alguém grita comigo, eu grito com a pessoa – essa é uma reação e um desrespeito. Se a pessoa gritou comigo e me desrespeitou, não faz sentido eu responder da mesma forma. Eu posso, e muitas vezes devo, responder a ela, mas de uma maneira respeitosa. Perguntando, por exemplo, por que ela está gritando comigo, em vez de simplesmente gritar com ela. Se estiver consciente do que está acontecendo e tiver a intenção de ir além desse conflito, você vai encontrar a atitude certa que mostra que se importa consigo e com o outro. Essa é a manifestação de um cuidado real, ou seja, de um respeito.

Colocar limites para o outro é uma forma de respeito e autorrespeito, desde que feito e intencionado positivamente. Isso é respeitar aquilo que te faz bem, que respeita o seu coração e a sua integridade; é uma ação fundamental. O ponto a ser observado é a intenção, o lugar de onde esta ação parte.

A violência é uma reatividade, um comportamento que vem do movimento gerado pela raiva. Ao lidarmos com uma situação de forma respeitosa, não temos a intenção de machucar o outro. Queremos e agimos para encontrar o equilíbrio, o limite que permite o respeito. Embora quem olhe de fora possa não ver diferença, por dentro o processo de tomada de decisão é completamente diferente, pois foi lastreado no respeito.

Ao agir de forma desrespeitosa, a pessoa pode ter a impressão, em um primeiro momento, de que vai "ganhar" algo com isso. Mas, se toda ação gera uma reação, quando uma pessoa age com violência ela na verdade vai se afastar da felicidade. Aqui, a compreensão do que significa felicidade exige uma ampliação da consciência. Será que é possível ser feliz desrespeitando a si e/ou ao outro? Ou ainda: é possível ser feliz sozinho? A compreensão dessas questões passa por encontrarmos um centro interno, um lugar onde tomamos as decisões conectadas com o que vai gerar uma real felicidade para mim e para o outro. Com essa clareza, vem uma outra compreensão: quem escolhe o que fazer é você, independentemente do que o outro faça. Isso traz liberdade e capacidade de lidar com os desafios e a ausência de respeito. Esse centro existe em todos nós e nos diz o que é certo. Isso une entendimento cognitivo e sentimento positivos.

Podemos dar muitos nomes a esse centro, como inteligência emocional, paz, equilíbrio, sabedoria, amor, harmonia, ética, justiça, entre outros. Esse centro é muitas vezes desafiado. E um dos aspectos mais desafiadores de todos para que sejamos capazes de manter o respeito é quando nos sentimos desrespeitados. Particularmente, quando sentimos que fomos injustiçados, que o outro não agiu como deveria ter agido e não nos respeitou, como quando fere um acordo, uma regra ou um direito nosso. É desafiador porque nessas situações sentimos raiva, o que é perfeitamente normal e humano. O problema é quando queremos agir a partir dela, com vingança. Quando agimos com raiva, queremos que o outro mude sua posição porque estamos nos sentindo desrespeitados. Mas essa mudança não vem apenas com uma mera mudança de postura, e sim com uma carga de penalização para o outro, pois no fundo existe um desejo de vingança e não queremos pura e simplesmente restabelecer a justiça, embora muitas vezes a argumentação se dê nesse sentido. O que queremos é ferir o outro, nos vingar, desrespeitando o outro.

O que acontece é que a motivação para o restabelecimento da justiça vem junto com raiva; ela está junto e sempre tem uma destrutividade embutida, sempre tem uma energia de destruição. Tal motivação para que a justiça seja reestabelecida não tem apenas uma energia de construção, mas está contaminada com uma ação negativa que busca a destruição.

Esse é um tema bastante desafiador, pois também exige desarmarmos os gatilhos que nos levam a querer fazer justiça com as próprias mãos. Esses gatilhos acionam um pensar compulsivo de reparação e vingança, ou seja, violência nos pensamentos e sentimentos. Esse é um entendimento que pede por um estudo fino desses aspectos para podermos entender o quanto somos tomados pelo desrespeito. Ao mesmo tempo, revela o poder que o respeito tem quando somos capazes de alinhar pensamentos, sentimentos, palavras e ações a ele, indo além da prisão e condicionamento que a raiva e a violência nos colocam.

Normalmente, focamos na falta de respeito dos outros em relação a nós e pedindo que os outros nos respeitem, mas temos dificuldade em perceber que no fundo há um desrespeitador dentro de nós, que age de forma reativa e atua de maneira a tentar fazer com que o mundo seja do jeito que queremos, que nos agrade e se adeque ao que gostaríamos de receber. Entretanto, como é que podemos pedir respeito se não damos respeito nesse nível mais profundo?

Por isso, respeitar é uma das coisas mais libertadoras que existe, já que libera essa mente negativa que está focada em ver o outro como uma ameaça, querendo que ele se comporte de certa forma e que as coisas sejam do jeito que nos favoreça. Se realmente podemos nos libertar desse vício e respeitamos, temos um enorme poder.

A lição do respeito é muito profunda e exige dedicação para entendê-la e vivê-la. É a base para ir além do desrespeito estrutural que aprendemos a reproduzir. Mas, se nascemos na Terra, estamos matriculados nessa matéria. E tirar uma boa nota nesta disciplina é um bom objetivo que podemos buscar nesta vida.

Desrespeito estrutural

O desrespeito estrutural está presente em praticamente todas as relações, em maior ou menor grau. Ele acontece de maneira sistemática, pois agimos quase sempre sem cuidar do outro, sem nos importar, sem ter uma intencionalidade positiva, sem querer ajudar. Isso chega ao ponto de que, quando vemos uma pessoa realmente se importando com as outras, isso nos chama atenção, pois é uma exceção à regra.

De maneira geral, é isso que acontece nas relações entre as pessoas, bem como de cada um para consigo mesmo, afinal só damos o que temos. Também acontece nas relações das pessoas com o alimento, com as coisas, com os animais, com a natureza, com o mundo. Um aspecto desse desrespeito que pode ser percebido em quase tudo é um certo grau de violência, desde a mais explícita até a mais sutil (como nos pensamentos).

Infelizmente, esse desrespeito está completamente incrustado em nós. É fruto de uma falta de consciência individual e coletiva, que se inicia pela falta de entendimento de quem se é e do que se veio fazer neste mundo. Então, o desrespeito se torna prática comum e está nas nossas estruturas, no sistema econômico, social, político, de saúde. Ele se torna o que o psicólogo Roberto Crema chamou de normose. Normose pode ser definida como um conjunto de normas, conceitos, valores, estereótipos, hábitos de pensar ou de agir que são aprovados por consenso ou por maioria em uma determinada sociedade e que provocam sofrimento, doença e morte. Crema diz que uma pessoa normótica é aquela que se adapta a um contexto e a um sistema doente, e age como a maioria. Esse "normal" atinge todas as áreas da sociedade – quase sempre sem consciência – e gera desrespeito. Por isso que ele é estrutural, já que está na lógica do funcionamento da sociedade, das relações das pessoas, da forma como se vê a vida.

E isso é chocante em um primeiro momento, porque as pessoas acreditam que respeitam, que se respeitam. No entanto, quando muito, seguem as leis e as normas de uma determinada sociedade. Há um autoengano muito profundo nisso e a única forma de iniciar a transformação desse desrespeito estrutural, como tudo que é estrutural, é admitindo-o na profundidade necessária e olhando como as suas relações são (e estão) negativamente formadas, como as consequências geradas são negativas e como os nossos processos decisórios e escolhas reproduzem essa lógica desrespeitosa.

Tentar lidar com a violência ou o desrespeito estrutural com mais violência ou desrespeito só alimenta e faz crescer esse ciclo de desrespeito. Não dá para tratar um mal com outro mal, mesmo que a situação nos traga indignação. É preciso que sejamos mais criativos, pois a lógica do olho por olho só nos tem tornado cegos. Isso não significa ser passivo e não fazer nada, mas agir a partir do Respeito, de uma ação consciente, com intenção de entender as raízes da violência (o que traz compreensão e compaixão).

Para que esse desrespeito estrutural seja transformado é preciso ter muita humildade, autorresponsabilidade, calma, clareza e força de vontade, pois isso possibilitará entender, compreender e ir além dele, tecendo as relações de uma nova forma. As Sete Leis do Respeito, que você verá a seguir, trazem poderosas ferramentas para essa transformação.

2.
As Sete Leis Fundamentais do Respeito

*"Uma alma sem respeito é uma morada em ruínas.
Deve ser demolida para construir uma nova."*
Código Samurai

Ao estudar em profundidade sobre o respeito, seu significado e impactos, bem como as suas causas, pude observar e definir sete leis fundamentais, que lhe dão força e, ao serem combinadas, fazem com que ele tenha um grande poder – de nos levar para a harmonia, felicidade e uma vida em plenitude, sintonizada com diversos valores elevados, os valores humanos. Ou seja, uma vida em que consigamos estar bem e em paz.

As sete leis funcionam para nos ajudar a perceber, entender e orientar as nossas ações e onde estamos em relação ao respeito e seus desdobramentos. Verificar se estamos agindo de acordo com essas leis é uma forma de inferir se estamos capacitados e agindo com respeito.

As Sete Leis Fundamentais do Respeito são:
1. Lei da Intenção Positiva e da Não Violência
2. Lei do Conhecimento e da Verdade
3. Lei da Observação e da Auto-observação
4. Lei da Escolha e da Ação Positiva
5. Lei da Comunicação
6. Lei da Consequência Positiva
7. Lei da Presença e da Lembrança

A ordem dessas leis não é o mais importante. Seria possível, por exemplo, iniciar com a presença e a lembrança, e ter: observação e auto-observação; conhecimento e verdade; intenção; ação; consequência e comunicação. O importante é que as leis interagem entre si e uma depende da outra. Na ordem por mim escolhida, a

Lei da Presença e da Lembrança fica por último por ser o começo e o fim de tudo.

Lei da Intencionalidade Positiva e da Não Violência

Para compreender essa lei, a primeira coisa importante é apontar que o contrário do respeito é a violência, que é basicamente uma resposta do medo. O medo de sermos machucados, de não sermos amados e respeitados. O medo de não termos valor, de não sermos bons o suficiente, de não sermos perfeitos. O medo de que o outro não tenha uma intenção positiva em relação a nós. Aí, como resposta ou reação, agimos a partir desse medo, de forma defensiva, destrutiva e com violência, manifesta de várias formas.

A violência mais grotesca e observável é a física, com o uso da força para machucar ou impor algo. Existe também a violência verbal, em que as palavras são usadas para ferir. Há a violência que vem dos pensamentos e sentimentos, que é quando estamos presos a sentimentos ruins, gerados por pensamentos negativos em relação a outra pessoa ou a nós mesmos – e, nesse caso, os sentimentos negativos alimentam mais pensamentos negativos, criando um looping que se retroalimenta. A própria indiferença pode ser compreendida como uma expressão violenta, pois desconsidera o outro, e isso agride. Todos esses atos de violência, de desrespeito, podem ser compreendidos como um sinal de incompetência, de uma incapacidade em lidar com as emoções que geraram esta reatividade. É preciso olhar com humildade e aprender com os erros. Mas, seja qual for a forma de sua manifestação, a violência pode ser transformada quando a identificamos, reconhecemos e compreendemos que ela é fruto de uma escolha feita a partir de uma intenção negativa, mesmo que inconsciente.

Dessa maneira, um caminho para se perceber o desrespeito é identificar a violência em nós. A identificação de qualquer tipo de violência nos nossos pensamentos, sentimentos, palavras e/ou ações é uma forma objetiva de perceber a existência de desrespeito. E se você acha que é impossível não ter algum tipo de violência contra algo ou alguém, como um pensamento violento, escreva objetivamente o que você acredita que não consegue. Aí substitua a expressão "não consigo" por "não quero".

Você poderá compreender melhor a relação direta entre não violência e intencionalidade positiva, bem como a relação entre violência e intencionalidade negativa. E verá que, no fundo, é uma questão de escolha.

Então, para ir além da violência e se afinar com o respeito, é preciso ter intenção positiva. Ou seja, pensar, sentir, falar e agir querendo o próprio bem e o bem do outro. Sem intenção positiva, as atitudes que parecem almejar o bem partem de uma máscara, e escondem uma intenção negativa, algum grau de violência – ou seja, de desrespeito. A intencionalidade positiva, quando existe e é real, é percebida pelo outro e por nós mesmos – já que sentimos alegria ao agir.

Porém, muitas vezes a nossa intenção está contaminada e, assim, se torna mista. Tem um lado que quer o próprio bem e o do outro, mas há outro lado que não quer. Nem sempre isso se dá no nível consciente. Mesmo que a ação seja fruto de uma parte inconsciente, ela traz o desrespeito. Então, essa é uma lei que exige um trabalho interno de identificação da falta de intencionalidade positiva. Ao observar o que você está fazendo, e o que se passa em seu interior durante essa ação, é possível descobrir eventuais incoerências – um indício de que há uma parte que não tem a intenção positiva.

Isso exige autoinvestigação e tranquilidade para não esconder a intencionalidade negativa com o desejo de ter intencionalidade positiva. Veja que interessante: muitas vezes, queremos desejar o bem e o bom para todos, inclusive para nós mesmos. Temos essa ideia, essa autoimagem (que é uma imagem que temos de nós mesmos), e queremos estar nesse lugar, mas isso, às vezes, se torna um obstáculo para que possamos perceber algo em nós que esteja diferente dessa ideia e autoimagem – ou seja, para que possamos perceber a realidade como, de fato, ela é.

É preciso abrir mão dessa idealização, ao mesmo tempo que é também muito importante não se castigar ao descobrir intenções que não são positivas. Pesquisar a fundo essas intenções, observá-las e investigar sua origem é algo que precisa ser feito com calma, entendendo que isso se dá em um processo, que não é algo que você descobre da noite para o dia. Para quem quer desenvolver o respeito, esse é um caminho possível e transformador, que mostra toda capacidade de evolução do ser humano.

Lei do Conhecimento e da Verdade

A segunda lei para se afinar com o poder do respeito é a Lei do Conhecimento e da Verdade. É uma lei forte, mas que muitas vezes é deixada de lado. Só é possível respeitar quando trabalhamos a partir daquilo que é real. Você não consegue respeitar alguém se está considerando uma situação inexistente ou fantasiosa. Como é que você vai cuidar de alguém, ajudar ou mesmo se importar com aquela pessoa se você não sabe a realidade que ela está vivendo? Se você não sabe, por exemplo, que ela está com dor e precisa de ajuda para poder caminhar, ou que está passando uma situação difícil porque perdeu alguém querido. Da mesma forma, não é possível respeitar alguém sobre quem você está fazendo interpretações, julgando, taxando de A, B ou C. O primeiro passo para respeitar – e entregar aquilo de que a pessoa ou a situação à sua frente precisa – é saber qual é a sua realidade.

Essa mesma lógica se aplica a si mesmo. Sem autoconhecimento, não é possível entender o que se passa dentro de nós, a nossa realidade, o que precisamos de verdade. Sem esse entendimento não é possível se respeitar, ter autorrespeito.

O que é real, o que é verdadeiro? Quais são os fatos? O que esses fatos podem gerar? Como é que se lida com esses fatos e suas consequências? Esse conhecimento, pautado na verdade, é fundamental para iluminar e direcionar as nossas escolhas.

O respeito é fruto de uma escolha. E para fazer bem essa escolha é preciso entender o que está acontecendo, os fatos. Isso encontra ressonância na ética quando falamos do princípio da autonomia, que é ter capacidade e liberdade de escolher, tendo, ao mesmo tempo, responsabilidade sobre os impactos dessa escolha. Para isso, é muito importante entender todos os aspectos da realidade. Quanto mais consciência tivermos da realidade, mais teremos capacidade de cuidar, ajudar, ou seja, atuar a partir do respeito.

Muitas vezes é preciso um esforço para entender a realidade, fazendo algumas perguntas, levantando dados, usando da atenção para evitar que uma determinada interpretação substitua a realidade dos fatos. E esse processo se inicia a partir de uma escolha direcionada para obter o conhecimento e a verdade.

Isso também envolve abrir mão de crenças, de fazer do seu jeito, de querer que as coisas sejam como você gostaria que fossem. Quando agimos querendo "provar a verdade", não estamos conectados com a realidade, com a verdade. Desconhecendo essa realidade, não é possível agir de uma maneira plena, com respeito.

Por exemplo: você vê uma pessoa passando necessidade e entrega a ela uma sacola com roupa, mas na verdade ela está com fome. Sem saber que ela está com fome, como é que você pode ajudá-la?

Então, para respeitar, é preciso criar mecanismos para conhecer a verdade. Em uma relação com outra pessoa, é preciso buscar informações sobre como ela está por meio de observação, perguntas e escuta. Esse processo é importante também em relação a você mesmo: olhe para a sua vida, para a realidade do seu entorno, examine o que de fato é verdade, o que realmente está acontecendo, procure saber o que está sentindo.

Tudo isso é fundamental para atuar a partir do melhor e do respeito, bem como para a tomada de decisão com respeito.

Além disso, uma ferramenta muito importante é o diálogo. Ouvir o outro com atenção, de maneira plena e com uma escuta ativa nos permite entender muitas coisas. Assim, temos acesso ao conhecimento, à verdade daquilo que está acontecendo conosco e com o outro, do que estamos sentindo, pensando – e com essa clareza podemos nos afinar com o respeito.

O diálogo também é abordado na Lei da Comunicação, mas aqui focamos nele como forma de conhecer e entender os fatos – mesmo que o fato seja a forma como o outro percebe a coisa. Por exemplo: quando o outro faz uma interpretação de uma situação, para ele, que não está consciente de que isso é uma interpretação, aquilo é um fato. Essa informação é importante que você tenha, pois ela permite perceber como o outro enxerga a realidade e isso ajuda a se comunicar com ele, seja para confirmar, seja para ajudá-lo a revisitar esse entendimento. Isso é importante para estabelecer a troca e gerar respeito.

Lei da Observação e da Auto-observação

A Lei da Observação e da Auto-observação é outra das bases para o respeito. Se o respeito é cuidar, é se importar, ajudar, como fazer isso sem ter conhecimento? E como ter conhecimento, que é a segunda lei, sem observar, sem ter a capacidade de ver as coisas como elas são? Precisamos desenvolver a capacidade de observar em profundidade, de olhar os fatos, a realidade. Essa observação é um direcionamento da atenção, uma concentração, que exige treino, porque a nossa atenção está dispersa – e, com isso, nossa capacidade de olhar a realidade fica diminuída. Em contrapartida, a base para a tomada de decisão é o entendimento da realidade – e isso é possível com a observação. Sem ela, não temos como respeitar, porque não temos como saber qual é a realidade, nem como tomar uma decisão alinhada com a intenção efetiva de ajudar o outro.

Então, é preciso treinar a atenção para poder observar bem. Estar com os canais limpos, direcionados, concentrados, para que essa observação aconteça de maneira plena.

A observação está voltada para o mundo externo e é base para adquirirmos conhecimento e conhecermos a verdade. Ela se utiliza dos sentidos para captar aquilo que vem de fora e gerar elementos para dar suporte ao processo decisório. Com isso, é possível tomar a decisão de ajudar, de cuidar, que é o próprio respeito.

E outra dimensão fundamental, junto com a observação, é a auto-observação. É olhar para dentro. É pegar esses vetores da atenção e direcioná-los para dentro, para entender como a gente funciona.

É olhar as situações de causa e efeito, perceber os nexos causais, perceber o que em nós gera determinada coisa. Mas, para entender isso, só observando. Só se colocando como uma testemunha. A auto-observação é fundamental para que possamos, efetivamente, respeitar – inclusive a nós mesmos.

Ninguém pode dar o que não tem. Como você vai respeitar o outro se não se respeita? Um aspecto fundamental do respeito é se importar, cuidar e ajudar a si mesmo, reconhecendo aquilo de que precisa para se desenvolver. É importante estar consciente de quem em você precisa daquilo. Se é para se desenvolver, é aquela parte que busca por isso, por crescer, ser uma pessoa melhor. Dos vários nomes possíveis para esta parte, utilizarei aqui "eu consciente", aquela parte nossa que já tem um quantum de consciência sobre si e está buscando expandi-la, ou seja, se conhecer cada vez mais. É nessa parte que você deve investir sua atenção, pois é daí que nascem o discernimento e a capacidade de escolher dar seu melhor para si e para o outro.

Essa auto-observação permite, então, que você veja onde está, do que precisa para gerar respeito, possibilitando um desenvolvimento a partir de valores humanos que despertam o seu melhor.

A auto-observação pode ser compreendida como um sétimo sentido, que, ao invés de usar os vetores da atenção para fora, usa para dentro, para se desenvolver e viver cada vez melhor. A auto-observação também nos ajuda a eliminar aspectos como as falsas ideias sobre nós mesmos, entendimentos equivocados, chamados muitas vezes de autoengano. Você acha uma série de coisas por conta de crenças, condicionamentos, mas que na verdade não são a sua realidade ou aquilo de que você precisa.

Uma das consequências da auto-observação é um alinhamento para respeitar o outro. Se você está se observando de verdade e com profundidade, consegue entender as suas intenções de maneira mais profunda. Assim, você não se deixa enganar e consegue transformar muitas vezes uma intenção negativa em uma intenção positiva só por observá-la. A auto-observação tem uma força enorme. Muitas vezes o simples fato de você tomar consciência de um aspecto já é o suficiente para transformá-lo. Ou, no mínimo, para dar início a esse processo de transformação. Afinal, não é possível lidar com aquilo que não se conhece. Para poder transformar algo, é preciso conhecer sobre aquilo e a auto-observação é o caminho para isso. Ela exige comprometimento, porque obviamente existem coisas sobre nós que não são tão agradáveis. Então, ela exige uma certa disciplina, uma vontade sincera de cumprir outras leis com as quais está relacionada, como a do conhecimento e verdade. A auto-observação é a base do autoconhecimento e o caminho para gerarmos um terreno fértil onde o respeito pode crescer e prosperar.

Lei da Escolha e da Ação Positiva

A Lei da Escolha e da Ação Positiva fala da nossa tomada de decisão. Daquilo que escolhemos e daquilo que fazemos, que é onde desembocam todas as outras leis. É o ato em si de respeitar, que é precedido por uma escolha do que dizemos e fazemos. Mas é também aquilo que vem antes, que é o que pensamos e sentimos – o que, em um nível mais profundo, são também escolhas, nem sempre claramente compreendidas.

Podemos até entender que alguns pensamentos ou sentimentos não são, inicialmente, nossa escolha. Mas alimentar esses pensamentos e sentimentos, sim, é a nossa escolha. Ao alimentá-los, impactamos as nossas escolhas, que geram palavras e que geram ações.

A Lei da Escolha e da Ação Positiva é a lei que permite que você, efetivamente, escolha sempre e aja a partir do respeito, pelo outro e por si mesmo. Essa lei traz como intrínseco o entendimento da autorresponsabilidade – você é sempre 100% responsável por tudo aquilo que faz.

É o livre-arbítrio. Mesmo diante das situações mais difíceis, você sempre tem escolha do que e de como fazer. Essa escolha vai gerar consequências; daí a importância de ter consciência do que está escolhendo e assumir a responsabilidade pelas consequências.

Essa lei deve ser olhada a partir daquilo que deve ser feito. É preciso estar conectado com o respeito para poder fazer escolhas a partir dos princípios que o sustentam. Para que a escolha seja respeitosa, temos que levar em consideração os valores humanos no processo decisório. O critério que leva a decidir precisa estar alinhado com esses valores – nos quais buscamos inspiração e referência.

E aí as palavras e as ações vão simplesmente ser desdobramentos desses valores humanos – ou seja, com o respeito, que é um desses valores. Verificar se suas ações estão alinhadas a esses critérios é fundamental para se manter respeitando, ou o quanto antes corrigir um eventual ato de desrespeito.

Para isso, é preciso fazer uso da lei anterior: estar sempre observando a si mesmo: o que você pensa, sente, fala e faz estão alinhados? Essa é uma percepção mais aprofundada da integridade.

Se você respeita a lei da intenção positiva, que é a primeira lei, e que se demonstra nos seus pensamentos, você gera um alinhamento, ou a possibilidade desse alinhamento – e se existe esse alinhamento, o resultado vai ser uma ação com respeito, positiva, que efetivamente vai ajudar.

Respeitar é uma escolha. Entretanto, para exercermos a escolha precisamos ter autonomia, ou seja, sermos capazes de escolher por nós mesmos. E o desenvolvimento da autonomia pressupõe que se tenha os dados necessários – afinal como escolher algo sem saber que isso existe ou que funciona de uma determinada forma? Por isso o conhecimento é tão importante; é o que dá base para fazer boas escolhas e, portanto, ter autonomia. Agir com respeito é um ato de coragem, um ato de amor e uma escolha positiva.

Lei da Comunicação

A comunicação é uma lei muito importante quando pensamos no respeito. O principal campo de existência do respeito se dá nas relações. E a comunicação, por sua vez, é base das relações e o caminho para sua afinação com o respeito.

Comunicação vem de communicare, que significa tornar comum. É fundamental para que tenhamos respeito e possamos criar um entendimento comum das coisas, de forma que um saiba do que o outro está falando e o que está querendo – tudo isso se dá a partir da comunicação.

Então, o primeiro passo para que haja respeito é entender o que está acontecendo com o outro e do que ele está precisando. Isso começa com a nossa capacidade de ouvir plenamente. A comunicação é uma dança entre ouvir e falar, e normalmente nessa ordem, ouvir e falar, pois isso garante que aquilo que vai ser transmitido terá como base a realidade, aquilo que é, respeitando a Lei do Conhecimento e da Verdade.

Então, é fundamental ouvir – e, muitas vezes, para isso, é preciso perguntar, estimular o outro a expressar o que está acontecendo, para poder ouvir e compreender melhor. Se você ouve com atenção e entende o que está acontecendo, pode agir adequadamente, pois tem consciência da situação. Para que haja uma escuta ativa você também precisa ter, além de boas perguntas, atenção às respostas. Estar inteiro e presente, com capacidade de concentração naquilo que está sendo dito. Isso vai permitir ter um espaço interno para compreender e, a partir desse lugar, aí sim falar, se colocar.

Ao falar, é muito importante estar atento se o outro está ouvindo, se você está usando, por exemplo, o repertório dele, as palavras adequadas para que ele compreenda aquilo que está sendo dito. Uma boa forma de inferir se está agindo dessa forma é checar se o outro entendeu, perguntando algo específico. Isso, por si só, já é um ato de respeito, pois demonstra consideração em relação ao outro.

Um grande estudioso da relação da comunicação com o respeito foi Marshall Rosenberg, que escreveu um livro sobre Comunicação Não Violenta, enunciando as bases de uma comunicação respeitosa. Seu conteúdo é muito interessante, importante, e pode ser aplicado em todas as relações, pessoais e profissionais – veremos mais sobre isso no capítulo deste livro dedicado ao Respeito na Comunicação.

Um grande desafio para o respeito, que envolve a comunicação, é a ofensa, quando alguém nos trata com desrespeito. A nossa tendência é reagir, comunicando-se com violência, pois temos vontade de responder na mesma moeda, no olho por olho, dente por dente, "em busca de justiça", mas isso nos faz sucumbir ao desrespeito.

Claro que não é simples manter o respeito quando somos tratados de forma desrespeitosa. Mas esse tipo de situação pode ser visto como um teste que nos ajuda a entender onde estamos. Qual é, efetivamente, o grau e a capacidade que temos em relação ao respeito? O quanto de firmeza temos em não (re)agir com desrespeito? Se você não consegue manter o respeito quando alguém te desrespeita, está se desempoderando, dizendo que o outro é quem determina sua maneira de agir. "Se você me respeitar, eu te respeito, mas se me desrespeitar, vou te desrespeitar também!" Perceba o quanto esse pensamento dá ao outro o controle de sua escolha.

De uma maneira biológica, orgânica, nós temos uma resposta. Nós temos o que é chamado de neurônios espelho, que respondem a estímulos. Se alguém sorri para nós, temos a tendência de sorrir para a pessoa. Se vemos que uma pessoa é simpática, em geral somos simpáticos com ela. E vice-versa, ou seja, se a pessoa está de cara fechada, tendemos a estar de cara fechada para ela; é uma reação até de defesa e adaptabilidade. Isso acontece quando se está no automático, sem estar ciente do que se passa, sem presença. É a presença que permite que se vá além dessa reatividade, desse agir no piloto automático. A Lei da Comunicação precisa, dentre outras coisas, de presença.

Lei da Consequência Positiva

Para que você possa estar realmente alinhado com o cuidar e ajudar, precisa estar atento às consequências de suas ações. Quais são os desdobramentos daquilo que você faz? Como eles, na prática, impactam a você mesmo, ao outro e à sociedade?

Significa que você precisa estar acompanhando, observando, tomando consciência da realidade, das consequências da escolha e da ação para poder saber se, efetivamente, são positivas. Essas consequências precisam ser observadas no curto, médio e longo prazo.

Às vezes, respeitar é dizer um não para determinada questão, porque isso efetivamente vai ajudar a pessoa. Em um primeiro momento, isso pode gerar uma consequência que parece negativa, ou pode ser entendida como negativa, mas depois gera consequências positivas. Por exemplo, quando damos um limite necessário a uma criança, isso vai evitar que ela se machuque, embora, a partir de um olhar imediato, possa parecer uma consequência negativa, já que fez a criança chorar por não ter aquilo que estava querendo. A consequência, neste caso, é que a criança ficou segura, sem se machucar. Em contrapartida, se o chamado limite não era realmente necessário, ele vai gerar consequências negativas na criança e servirá como um indicativo de que faltamos com o respeito. Ele traz uma oportunidade de aprendizado e melhora.

A análise da consequência é fundamental para retroalimentar o entendimento daquilo de que a pessoa precisa e do que faz bem para ela, bem como aquilo que não faz. Isso também se aplica a nós mesmos: observar as consequências das nossas escolhas é fundamental para entender quais serão nossos próximos passos para efetivamente podermos ajudar a nós mesmos.

Respeito, como tudo, é algo vivo, não é estático. Nada, como ninguém, é estático. A cada hora coisas acontecem, física, emocional e mentalmente, em diversas dimensões. O entendimento dessa mudança constante, desse dinamismo, é fundamental. E isso traz a necessidade de uma atenção permanente, checando efetivamente se as consequências têm sido boas.

A consequência é uma dimensão concreta para podermos verificar se tomamos a decisão correta, se estamos respeitando, ajudando, facilitando caminhos, contribuindo para o bem-estar, a felicidade de todos, inclusive a nossa. É um termômetro que precisa ser olhado para podermos estar firmes nesse caminho rumo ao respeito. É também uma das nossas melhores professoras, pois nos mostra a realidade que criamos, trazendo-nos a oportunidade de aprender como fazer melhor e respeitar mais.

A Lei da Consequência Positiva traz a necessidade de termos humildade para ver aquilo que é e assumir as consequências. Novamente, é necessário autorresponsabilidade para assumir a responsabilidade pelo resultado de nossa escolha. É preciso compreender as consequências das próprias escolhas para poder fazer escolhas melhores, em um processo contínuo de aprendizado.

A Lei da Consequência Positiva garante o nosso crescimento, para nos tornarmos seres cada vez mais respeitosos.

Lei da Presença e da Lembrança

A Lei da Presença e da Lembrança é a sétima e última das leis, mas, ao mesmo tempo, é a que dá suporte para todas. Ela é fruto de uma junção de coisas.

Mas o que é presença? É uma conexão que se dá onde existe consciência, sempre que a pessoa está inteira e completa naquele momento presente. Ela não está pensando no passado, nem no futuro; está atenta, observando a tudo, consciente da sua intenção, conectada com a verdade, observando e se auto-observando. Assim, você tem clareza dos seus processos de escolha, sabe o que quer comunicar, o que quer dividir, o que quer fazer, e está atenta e consciente das consequências.

A lembrança está muito conectada com a presença. Porque você se lembra daquilo que é importante quando está no aqui e agora, inteiro no que está fazendo. Quando nos distraímos, é muito fácil nos esquecermos das coisas que têm importância para nós. Por exemplo: normalmente só temos consciência do quanto amamos alguém quando perdemos essa pessoa. Mas aí já é tarde. Se você não se lembra da importância daquela pessoa, como vai cuidar dela adequadamente? Como vai respeitá-la na medida em que ela merece, ou merecia?

Então, essa presença – que se confunde com a lembrança porque dá suporte para a lembrança –, é fundamental para poder respeitar. E para ter essa presença, é preciso desenvolver a atenção. A atenção "nasce" em uma área do nosso cérebro chamada córtex pré-frontal, onde acontece essa atividade. Ela pode ser compreendida como a capacidade de concentrar os vetores em um ponto, em ter total foco ali, não aceitando convites para se distrair e pensar em outras coisas. Quando estamos pensando em várias coisas, conversando internamente, dialogando, é porque falta atenção e presença. E, com isso, nos esquecemos. A atenção pode ser treinada a partir de técnicas de mindfulness[1].

O ponto central da presença é essa capacidade de observar e de estar consciente. É como se você estivesse com todas as informações, ferramentas, técnicas de análise, tudo junto. Isso conecta você com o seu coração e também com o lado positivo da mente, indo além daquela parte que pensa compulsivamente. Você consegue ser canal de inspiração, criatividade, tomar decisões com dados e com emoções positivas, o que orienta tudo de maneira positiva.

Então, a Lei da Presença e da Lembrança acaba permitindo que tudo aconteça. Todas as outras leis, para que ocorram de maneira plena, necessitam dessa presença e lembrança. Você se percebe inteiro na presença quando consegue olhar as coisas e se manter calmo, tranquilo. É como se fosse manter um lago sem ondas. Os pensamentos geram ondas. Essas ondas geram emoções que nos fazem sair de nosso centro.

Na presença, é como se esse lago estivesse tranquilo, de forma que você consegue observar tudo. E se vem uma onda, você apenas observa, até ela se dissolver no lago. A presença é um campo grande que permite que o nosso melhor venha para fora, que o potencial que nós temos seja utilizado. Nosso poder de união, conexão, resolução de problemas e conflitos vem dela. O poder de gerar sentimentos positivos em quem age e em quem é afetado pelas consequências desse agir orientado pelo respeito.

A presença, das Sete Leis Fundamentais do Respeito, talvez seja a que é mais difícil de entender cognitivamente. Ela exige uma experiência, uma vivência, para que seja compreendida. Às vezes, atingimos, do nada, um estado de quietude interna e presença. Mas é preciso fazer a nossa parte e preparar o campo para que isso aconteça, ou seja, treinando a atenção. Isso é tratado no capítulo sobre Respeito e Atenção.

O respeito depende da existência da presença. E a presença por si só já exala o respeito.

---

1   Existem muitas técnicas, cursos e livros sobre isso. Um deles (sou suspeito para falar) é o meu livro Mindfulness para Uma Vida Melhor.

3.
Mapa do Respeito

*"Cada vez que eu reconheço um desrespeito meu,
eu crio uma oportunidade de ser mais respeitoso."*

Este capítulo é, juntamente com o anterior, uma das partes mais importantes deste livro, pois te convida a olhar com objetividade para o respeito, para ver a existência ou ausência dele na sua vida. A reflexão aqui é sobre como você está vivendo o respeito e o quanto ele é uma realidade para você. Através dela você poderá olhar para o que existe de verdade em você, e não para o que você gostaria que fosse (pois muitas vezes queremos estar ou ser de outra forma, algo que mentalmente consideramos melhor, mas essa idealização nos atrapalha a ver a realidade e, portanto, a mudá-la e efetivamente melhorar).

Para isso, você tem aqui algumas metodologias que te permitem desenhar um mapa do respeito. Para poder abarcar as diferentes partes da sua vida, temos 3 dimensões a serem estudadas: 1) O Mapa do Autorrespeito (como está o respeito de você para com você mesmo); 2) O Mapa do Respeito em Relação ao Outro (como está o respeito em sua relação com as pessoas, tanto de maneira geral como para com alguém específico); e 3) O Mapa do Respeito no Trabalho e/ou na Empresa (como está o respeito com o que você faz profissionalmente e/ou com as pessoas e aspectos da empresa em que você trabalha).

Uma parte da avaliação de cada dimensão usa os conhecimentos das Sete Leis do Respeito, permitindo a análise da sua existência ou ausência. A segunda parte da avaliação traz itens específicos de cada uma das 3 dimensões acima.

Ao final deste capítulo, temos um mapa geral, que permite uma visualização unificada destas 3 dimensões, bem como dos aspectos a serem melhorados e o que você pode fazer na prática (compromissos de melhoria) para cada um deles.

Mapa do Autorrespeito

O Mapa do Autorrespeito é um instrumento de aferição para que você possa avaliar como está em relação ao respeito a si mesmo. Ele é composto de duas partes.

A primeira é uma avaliação das Sete Leis do Respeito, onde você dá uma nota de 0 a 10 para a existência de uma atuação sua alinhada com cada uma das leis na sua vida em relação a si mesmo, ou seja, o quanto você tem intenção positiva e não violenta para com você mesmo (primeira lei), e assim para cada uma das outras. Para te ajudar a ter maior clareza de que nota é adequada, evitando uma análise superficial ou algum autoengano, escreva também, ao lado de cada nota, qual o principal fator ou razão que justifica você se dar esta nota, ou seja, o que exemplifica ou mostra que você "merece" aquela nota. Esta parte é importante para fortalecer a sua consciência. Depois da avaliação, some todas as 7 notas e divida o somatório pelo número 7, para obter a média.

A segunda é uma avaliação de como você age em relação a 26 temas ou aspectos da sua vida pessoal e/ou profissional. A pergunta central para conduzir a sua avaliação é: "Como eu estou em cada uma dessas áreas e aspectos?". Para facilitar, podemos quebrar em algumas perguntas como: "Eu estou feliz com os resultados deste tema/aspecto? Eu sinto que estou cuidando bem desta parte da minha vida? Eu tenho dedicado meu tempo e atenção de forma adequada para ela? Falta eu fazer algo que eu sei que deveria fazer?".

Com estas perguntas em mente, dê uma nota de 0 a 10 para cada um dos temas abaixo. Novamente, para te ajudar a ter mais consciência da nota adequada, escreva ao lado de cada nota qual o principal fator ou razão que justifica você se dar esta nota. Depois, some todas as notas e divida o somatório pelo número de itens respondidos. Por exemplo, se você deu nota aos 26 itens, divida a soma obtida das notas por 26. Assim você terá a nota média do quanto você se respeita.

Se você entende que algum tema/aspecto entre os 26 abaixo não é pertinente à sua vida, por exemplo, você não trabalha por opção (já que tem alguma outra forma de sustento ou é aposentada/o), não precisa dar nota para este item. Assim, você dividirá a somatória das notas dadas apenas pelo número de itens respondidos (que neste caso será 25).

É importante notar que você não deve deixar de avaliar um item caso você não o tenha presente no momento na sua vida, mas você gostaria de tê-lo. Por exemplo, o item Relacionamento Amoroso (ou conjugal). Você pode não estar em um relacionamento íntimo neste momento, mas gostaria de estar. Isso significa que você deve olhar se tem respeitado esse aspecto, se importando e cuidando dos diferentes aspectos que possibilitam a existência de um relacionamento amoroso saudável.

Preparação para responder ao Mapa

Antes de iniciar a reflexão e dar a nota para cada um dos itens do Mapa do Autorrespeito, seria bom você ficar de 1 a 2 minutos cultivando o silêncio, focando a sua atenção, acalmando a sua mente e se conectando com este importante exercício.

Se você tem alguma fé específica e/ou tem devoção por alguma forma de Deus, você pode fazer uma oração e pedir clareza para poder avaliar corretamente cada um dos itens. Não tenha pressa e procure responder com bastante atenção e honestidade. Afinal, quanto mais verdadeiras forem as respostas, melhor você vai saber o quanto está se respeitando (ou não) e o que precisa manter ou mudar em suas escolhas. Lembre-se que a honestidade radical é a base para quem quer se conhecer e se respeitar.

Anote também em um caderno ou outro meio eventuais insights ou percepções sobre um tema que possam surgir no momento da avaliação. Estas anotações podem te ajudar na hora em que for fazer um plano para o desenvolvimento dos itens em que a nota for baixa, ou seja, em que você não se respeita totalmente.

Execução

Dê uma nota de 0 a 10 para cada uma das leis abaixo, escreva a principal razão/motivo da nota e depois calcule a sua média:

Sete Leis do Respeito	Nota (0 a 10)	Principal razão à nota dada
Lei da Intenção Positiva e Não Violência		
Lei do Conhecimento e Verdade		
Lei da Observação e da Auto-observação		
Lei da Escolha e Ação Positiva		
Lei da Comunicação		
Lei da Consequência Positiva		
Lei da Presença e Lembrança		
Média		

Agora dê uma nota de 0 a 10 para cada um dos 26 itens abaixo, escreva ao lado a principal razão de ter dado esta nota (para cada item) e depois calcule a média: _____

	Nota (0 a 10)	Principal razão à nota dada
1. Saúde Física e do Corpo:		
2. Aceitação da sua Aparência e Peso:		
3. Saúde Mental:		
4. Realização de Atividade Física Regular:		
5. Alimentação Saudável:		
6. Sono:		
7. Gestão das Emoções e dos Sentimentos:		
8. Relacionamento Amoroso:		
9. Sexualidade:		
10. Relacionamento com a Pequena Família (pais, irmãos/ãs, filhas/os, agregados):		
11. Relacionamento com a Família (tias/os, primas/os, avós etc.):		
12. Relacionamento com os Amigos:		
13. Hábitos e Comportamentos Positivos:		
14. Administração do Tempo:		
15. Clareza de Propósito de Vida:		

	Nota (0 a 10)	Principal razão à nota dada
16. Lazer e Relaxamento:		
17. Contribuição Social (ajuda à sociedade):		
18. Conexão e Prática da Espiritualidade:		
19. Contentamento e Alegria:		
20. Pensamentos e sentimentos em relação a si mesma/o:		
21. Realização Profissional:		
22. Existência de Dinheiro:		
23. Conexão do Trabalho com o seu Propósito:		
24. Crescimento e Desenvolvimento Profissional:		
25. Relacionamento com as pessoas do Trabalho/Empresa:		
26. Networking (rede de relacionamentos) e outros relacionamentos profissionais:		

Nota Média: ─────

Mapa do Respeito em Relação ao Outro

A elaboração do Mapa do Respeito em Relação ao Outro pode ser precedida de uma análise que ajuda a ampliar o seu entendimento sobre como você está nos seus relacionamentos – o quanto você respeita os outros. Para isso, pegue uma folha de papel sulfite e lembre-se das pessoas mais importantes na sua vida, como da sua família e amigos. Pense também nas pessoas do seu trabalho. Faça um ponto no meio da folha, que representa você, e depois vá colocando na folha o nome de cada uma dessas pessoas importantes em volta dele, sendo os mais próximos aqueles que você acredita respeitar mais.

Depois deste trabalho inicial (pré-work), você pode preencher o mapa. Como no anterior (de Autorrespeito), o Mapa do Respeito em Relação ao Outro é composto de duas partes.

A primeira é uma avaliação das Sete Leis do Respeito, em que você dá uma nota de 0 a 10 para o seu alinhamento com cada uma destas leis nas suas interações com o outro, ou seja, o quanto você tem intenção positiva e não violenta (primeira lei) com as pessoas com quem se relaciona, e assim para cada uma das outras leis. Preste atenção no fato de que você está se avaliando e não avaliando o quanto o outro te respeita. Também, e para te ajudar a ter maior clareza de que nota é adequada, escreva ao lado de cada nota qual o principal fator ou razão que justifica você se dar esta nota. Depois, some todas as 7 notas e divida o somatório pelo número 7, para obter a média.

A segunda é composta por uma avaliação de como você aceita e age em relação ao outro. Isso porque, de uma forma simplificada, a análise do respeito em relação ao outro está relacionada a estes dois pontos principais: 1) aceitação do outro, em todos os seus aspectos, e que envolve a ausência de julgamento; e 2) ação correta e respeitosa em relação ao outro.

Sete Leis do Respeito	Nota (0 a 10)	Principal razão à nota dada
Lei da Intenção Positiva e Não Violência		
Lei do Conhecimento e Verdade		
Lei da Observação e da Auto-observação		

Lei da Escolha e Ação Positiva		
Lei da Comunicação		
Lei da Consequência Positiva		
Lei da Presença e Lembrança		
Média		

Da mesma forma que os exercícios anteriores, além de dar uma nota de 0 a 10 a si mesmo para cada item, você deve escrever ao lado de cada nota qual o principal fator ou razão que a justifica.

Assim, você deve preencher o mapa com esta visão e olhar geral. Para o cálculo da média, e preenchimento do Mapa Geral do Respeito, que está no fim deste capítulo, você deve avaliar os itens abaixo focando no outro de forma geral.

Caso você queira ou tenha essa necessidade, é possível usar esta avaliação e mapa para focar em uma pessoa específica, que é importante para você, pois uma análise mais direcionada em relação a ela pode te ajudar. Nesse caso, utilize os parâmetros acima e dê as notas com base na sua conduta para com essa pessoa específica.

Se você entende que algum item deste mapa não é pertinente à sua realidade, você não precisa dar nota para este item. Assim, você dividirá a somatória das notas dadas apenas pelo número de itens respondidos. Entretanto, escolha ao menos 3 itens para dar nota, considerando os mais importantes, normalmente os mais relacionados com o que observa nos seus pensamentos.

Fique atento a 3 coisas: 1) não deixar de analisar um item que você considera importante; 2) fazer a preparação/concentração (1 a 2 minutos) antes de responder a esse mapa; e 3) a anotação de eventual insight ou percepção que você tenha durante o processo de avaliação.

Lembre-se que ouvir e perceber o outro é o primeiro passo tanto para a existência da aceitação de como ele é, quanto para a ação respeitosa, lastreada em nos importarmos e vermos como podemos ajudar.

Um trabalho mais profundo com estes mapas pode ser feito com a ajuda de um profissional, permitindo uma ampliação do entendimento e um maior questionamento sobre as impressões e percepções.

Execução

1. Dê uma nota de 0 a 10 para cada uma das leis abaixo, escreva a principal razão/motivo da nota e depois calcule a sua média:

2. Agora, dê uma nota de 0 a 10 para cada um dos itens abaixo, tanto de aceitação, quanto de atitude/ação. Novamente, e para te ajudar a ter maior clareza de que nota é adequada, escreva ao lado de cada nota qual o principal fator ou razão que justifica você se dar esta nota. Pode ser um exemplo real de como você aceita ou age em relação ao outro. Depois, calcule a média.

A aceitação se desdobra em vários aspectos, e é importante você avaliar o quanto aceita cada uma das variáveis abaixo dos outros, dando uma nota de 0 a 10. Caso queira facilitar o exercício, escolha e avalie, dentre os itens abaixo, 3 a 5 aspectos mais importantes dos quais você tenha conhecimento e que façam parte, de alguma forma, da sua interação e relacionamento com o outro em geral (ou com uma pessoa específica, se for importante). E não esqueça de escrever ao lado o fator/exemplo que justifica a nota:

Aceitação	Nota (0 a 10)	Principal razão à nota dada
1. Forma como o outro pensa e seus valores:		
2. Forma como gasta o dinheiro:		

	Nota (0 a 10)	Principal razão à nota dada
3. Jeito e as características da pessoa/outro:		
4. Forma como exerce a sua sexualidade:		
5. Forma como se veste:		
6. Forma como fala e se comunica:		
7. Forma como age e se comporta:		
8. Forma como vive:		
9. Com quem a pessoa se relaciona:		
10. Todas as diferentes escolhas da pessoa:		

Nota Média: ———

(OBS.: Esses itens acima são alguns escolhidos para facilitar a avaliação. Mas, caso você queira acrescentar algum critério que entenda ser importante, pode fazer isso.)

Ação/Atitudes em relação ao outro. Como no exercício anterior, caso queira facilitar o seu preenchimento, escolha e avalie, dentre os itens abaixo, 3 a 5 aspectos mais importantes de que você tenha conhecimento e que façam parte, de alguma forma, da sua interação e relacionamento, via ações e atitudes, com o outro de maneira geral (ou com uma pessoa específica, se for importante). E não esqueça de escrever ao lado o fator/exemplo que justifica a nota:

Ação/Atitudes	Nota (0 a 10)	Principal razão à nota dada
1. Como eu falo com o outro:		

	Nota (0 a 10)	Principal razão à nota dada
2. Como eu falo do outro:		
3. Como eu escuto o outro:		
4. Como eu interajo com o outro:		
5. Como e o quanto eu ajudo o outro:		
6. A inexistência de qualquer violência em relação ao outro (nos pensamentos, sentimentos, palavras e ações):		
7. O quanto eu sou paciente com o outro:		
8. Quanto eu reconheço o valor do outro:		

Nota Média: ———

(OBS.: Esses itens acima são alguns escolhidos para facilitar a avaliação. Mas, caso você queira acrescentar algum critério que entenda ser importante, pode fazer isso.)

Após fazer a média dos dois itens acima (aceitação e ação/atitudes em relação ao outro), some a duas médias e divida por dois, para ter a média Mapa do Respeito em Relação ao Outro. Essa média será utilizada no Mapa Geral do Respeito, ao final desse capítulo.

Extra 1 – Mapa de uma pessoa específica

Se você escolher fazer o Mapa para uma pessoa específica, você pode incluir duas perguntas ao final, para serem por você respondidas:
A. Descreva, de forma objetiva, a ação mais marcante (que você mais se lembra ou que você sabe que o outro mais se lembra) que mostra a existência de respeito seu em relação à pessoa.

B. Descreva, de forma objetiva, a ação mais marcante (que você mais se lembra ou que você sabe que o outro mais se lembra) que mostra a existência de desrespeito seu em relação à pessoa.

Extra 2 - Mapa se o outro te respeita

Em alguns casos específicos, o Mapa do Respeito em Relação ao Outro pode ser usado para estudar um relacionamento, mais objetivamente se o outro te respeita. Ele é indicado quando as duas partes querem se estudar, ou uma das partes precisa avaliar melhor onde tem se colocado e o que acaba estimulando no outro.

Nesse caso, responda ao Mapa das Sete Leis e ao Mapa do Respeito em Relação ao Outro sob a ótica de como ele age com você. É um exercício que exige empatia e objetividade para que seja útil, ou seja, que você se baseie em fatos, e não em interpretações (para evitar gerar julgamentos e desrespeitos).

Você também pode aplicar as duas perguntas sobre as ações respeitosas e desrespeitosas, sendo da pessoa para com você (perguntas que estão acima, no item Extra 1).

Mapa do Respeito no Trabalho e/ou na Empresa

O Mapa do Respeito no Trabalho e/ou na Empresa também é composto de duas partes. A primeira é uma avaliação das Sete Leis do Respeito, em que você dá uma nota de 0 a 10 para a existência de uma atuação sua alinhada com cada uma destas leis dentro da realidade profissional ou na sua atuação em relação à empresa onde você trabalha, ou seja, o quanto você tem intenção positiva e não violenta para com o seu trabalho e/ou empresa (primeira lei), e assim para cada uma das outras leis. Também é pedido que você escreva ao lado de cada nota qual o principal fator ou razão que justifica você dar esta nota – para ter maior clareza de que nota é adequada. Depois, some todas as 7 notas e divida o somatório pelo número 7, para obter a média.

A segunda é composta por uma avaliação de como você age em relação a diversos temas ou aspectos da sua vida profissional e/ou dentro da empresa. O Mapa do Respeito no Trabalho e/ou na Empresa é feito para quem trabalha em uma empresa ou para quem exerce uma atividade profissional de forma independente. Ele é composto por diversos itens que devem ser avaliados com objetividade, pois eles indicam o quanto existe respeito da pessoa para com estes aspectos do seu trabalho e/ou da empresa. Neste mapa, a pergunta central para conduzir a sua avaliação é: "O quanto eu respeito o meu trabalho e a empresa a partir de cada um destes itens?".

Com parte desta reflexão, dê uma nota de 0 a 10 para cada um dos temas abaixo e escreva o principal fator ou razão que justifica você dar esta nota. Depois, some todas as notas e divida o somatório pelo número de itens respondidos. Por exemplo, se você deu nota aos 21 itens, divida a soma obtida das notas por 21.

Se você entende que algum item entre os 21 abaixo não é pertinente à sua realidade, não precisa dar nota para este item. Assim, você dividirá a somatória das notas dadas apenas pelo número de itens respondidos.

Fique atento para 3 coisas: 1) não deixar de analisar um item importante para você; 2) fazer a preparação/concentração (1 a 2 minutos) antes de responder a esse mapa; e 3) a anotação de eventual insight ou percepção que você tenha durante o processo de avaliação.

Execução

Dê uma nota de 0 a 10 para cada uma das leis abaixo, escreva a principal razão/motivo da nota e depois calcule a sua média:

Sete Leis do Respeito	Nota (0 a 10)	Principal razão à nota dada
Lei da Intenção Positiva e Não Violência		
Lei do Conhecimento e Verdade		
Lei da Observação e da Auto-observação		

Lei da Escolha e Ação Positiva		
Lei da Comunicação		
Lei da Consequência Positiva		
Lei da Presença e Lembrança		
Média		

Agora dê uma nota de 0 a 10 para como você interage com cada um dos itens abaixo, escreva ao lado o motivo/fator da nota e depois calcule a média:

	Nota (0 a 10)	Principal razão à nota dada
1. Missão e Visão:		
2. Valores:		
3. Liderança Principal da Empresa:		
4. Liderança Imediata (seu/sua chefe):		
5. Você enquanto Líder (formal ou informal):		
6. Seus Colegas:		

	Nota (0 a 10)	Principal razão à nota dada
7. Seus Liderados:		
8. Código de Conduta e Ética:		
9. Regras, Decisões e Políticas da Empresa:		
10. Propriedade e Bens da Empresa:		
11. Marca e Reputação:		
12. Convivência no Espaço Físico:		
13. Convivência Virtual:		
14. Seu Protagonismo e Inovação		
15. Resultados Financeiros e Operacionais:		
16. Clientes:		
17. Parceiros e Fornecedores:		
18. Acionistas:		
19. Concorrentes:		
20. ESG e Sustentabilidade:		
21. Outro Item ou Stakeholder Importante (especificar qual):		

Nota Média: _____

Mapa Geral do Respeito

O quadro abaixo permite uma visão geral de onde você está em cada dimensão da sua vida em termos da existência do respeito (com você mesmo, com o outro e no seu trabalho/empresa), de quais aspectos precisam ser melhorados, a partir do que você pôde observar e refletir em cada área (e das justificativas que você deu para cada nota), e do que você precisa efetivamente fazer para ter mais respeito em sua vida.

Neste mapa geral, você verá que existe um elemento a mais, que é o pedido para definir o principal compromisso que você tem condições de assumir hoje em cada dimensão da sua vida. Busque colocar um compromisso bem objetivo, factível e observável. Na dúvida quanto à sua capacidade de executá-lo, escolha algo menor, mais simples, pois você estará seguro que é viável, e sua realização trará mais autoconfiança.

Ele serve como um guia para a sua tomada de consciência e decisão de como usar o poder do respeito para ter uma vida melhor e ser mais feliz.

Dedique-se periodicamente a olhá-lo, pois ele traz um resumo da oportunidade de aprendizado que você tem neste momento da sua vida. Não perca essa chance.

Por último, procure refazer os 3 mapas a cada 6 meses ou 1 ano, ou sempre que você se ver em um momento mais desafiador, pois os mapas ajudarão no entendimento do que você precisa e de como chamar o poder do respeito para a sua vida.

Mapa	Média Nota	Principais aspactos a serem melhorados	O que fazer na prática
1. Autorrespeito – Sete Leis			
1. Autorrespeito – Itens Detalhados			
1. Autorrespeito - Média		*Escreva seu Principal Compromisso*	
2. Respeito ao Outro - Sete Leis			
2. Respeito ao Outro – Média dos Itens Aceitação e Ação/ Atitudes		*Escreva seu Principal Compromisso*	

3. Respeito Trabalho/ Empresa - Sete Leis			
3. Respeito Trabalho/ Empresa - Itens Detalhados			
3. Respeito Trabalho/ Empresa - Média		*Escreva seu Principal Compromisso*	

Média Geral do Respeito (média das 3 médias acima - Autorrespeito, Respeito ao Outro e Respeito Trabalho/Empresa): _____

PARTE 2
Respeito na psique humana

4.
Respeito e atenção

"O respeito nasce da atenção, do silêncio e da conexão."

Como já vimos nas Sete Leis do Respeito, a atenção é a base e o alimento para a observação e a auto-observação, que, por sua vez, é a base para o conhecimento e o autoconhecimento. É também a base para a presença e para a lembrança. Tudo começa no pensamento, que é a matéria-prima para se criar o que for (seja bom, seja ruim), pois é ele que ativa a energia dentro de nós. O desenvolvimento do respeito exige uma profunda auto-observação, para compreender quais os pensamentos que nos guiam e, com calma, aos poucos, poder direcioná-los para o respeito.

Em nossa realidade atual, impera a distração, com estímulos incessantes. E isso só aumenta, inclusive, devido à quase onipresença da tecnologia e de termos acesso a qualquer coisa a qualquer momento. De maneira geral, vivemos distraídos, sem prestar atenção no que é realmente importante. Se criamos essa realidade, o desrespeito acontece, pois sem atenção não há como ter respeito.

Para reverter esse processo, o treino da atenção é fundamental. Esse treino serve para isso: dar as bases para que a mente possa estar focada e verdadeiramente disponível para ver a realidade e ser usada para o bem e para o bom, para o respeito atuar a todo momento.

É o treino da atenção que cria espaço para que você possa sentir e perceber a presença do ser – o seu e o do outro. E esse desenvolvimento da atenção direcionada abre a possibilidade de o silêncio e a presença acontecerem. O treino da atenção é algo que, no início, pode trazer alguns desafios diante da falta de costume, já que normalmente estamos pensando compulsivamente, julgando a nós e aos outros o tempo inteiro. Para vencer o condicionamento, é preciso remar contra a maré.

Esse esforço inicial depende de pelo menos um pouco de vontade, foco e disciplina. Você se compromete com algo e, efetivamente, faz aquilo a que se propôs. Aos poucos, você vai vendo que é capaz de fazer as coisas acontecerem, pois, já que tem disciplina, consegue cultivar e direcionar a sua força de vontade. Assim, você desenvolve autoconfiança, uma musculatura que permite realizar o que é necessário. Algumas pessoas percebem esse conceito da disciplina como algo ruim, penoso, mas, na verdade, o treino da atenção e o fortalecimento da capacidade de realizar aquilo que almeja são muito agradáveis, especialmente quando você acessa certos estágios – por exemplo, o de manter a mente calma e perceber, de um novo lugar, as coisas, o que também pode levar a uma conexão maior consigo mesmo e com o todo.

Podemos fazer uma analogia com subir uma montanha para olhar o mar e a natureza do alto. No começo, você não consegue chegar ao topo porque não tem preparo físico, então logo se cansa – muitas vezes, para na metade do caminho e volta. Até que um dia você consegue subir e aí se deslumbra com a beleza daquela visão. À medida que se fortalece, fica cada vez mais fácil subir a montanha e rapidamente estar diante daquela paisagem. Esse, porém, não é um processo linear, ou seja, quando você pratica a atenção e desenvolve foco e concentração, na maioria das vezes consegue acessar espaços de calma e tranquilidade. Mas nem sempre. Como estamos falando do aqui e do agora, do momento presente, que contém aquilo que é, nada é totalmente controlável. Ou seja, se um dia, você, mesmo depois de bastante tempo de prática, se sentir agitado, ansioso, não desanime; você não andou para trás. A realidade é que, naquele dia, algum fator, nem sempre conhecido, te impactou e você teve uma experiência diferente.

Neste capítulo, vamos propor um exercício básico do treino da atenção, que é o cultivo do silêncio. Existem milhares de técnicas para treinar a atenção e há muitos materiais e bons livros disponíveis. Uma opção para quem quer se aprofundar no tema é o livro que eu escrevi e aborda diversas técnicas e todo o embasamento científico por trás do mindfulness: o livro Mindfulness para uma vida melhor, lançado em 2018.

O principal aspecto – que é uma escolha interna – é a sua disponibilidade e a vontade de treinar a atenção, por perceber o quanto isso é importante. Com uma atenção focada, você é capaz de direcioná-la e mantê-la onde quer, ou seja, estar no comando da sua atenção. A recomendação é que você possa treinar sua atenção todos os dias, iniciando com menos tempo, nem que seja um minuto por dia, e aumentando aos poucos para cinco, dez, quinze, até chegar em vinte minutos por dia. O treino de vinte minutos por dia pode ser extremamente saudável.

Quanto mais quiser se aprofundar, mais tempo vai notar que deve dedicar para o treino da atenção, mas se conseguir se comprometer com vinte minutos por dia já verá uma grande diferença em sua capacidade de perceber as coisas e de estar aberto para ampliar a sua consciência.

Cultivo do silêncio

Além de treinar a atenção, o cultivo do silêncio tem o potencial de abrir as portas para nos olharmos de verdade, e, com isso, nos entendermos e exercermos o respeito, conosco e com os outros.

Para praticá-lo, procure um local adequado, preferencialmente silencioso e onde não seja incomodado. Dependendo de onde mora, o uso de protetor auricular pode ajudar, caso haja muito barulho. Se você já sabe quanto tempo vai praticar (a sugestão é que comece com cinco até evoluir para vinte minutos por dia), coloque um alarme que avise do término, assim a sua mente não fica preocupada (pré-ocupada) com isso.

Sente-se em uma posição confortável, com a coluna ereta e a cabeça no prolongamento da coluna. Se estiver em uma cadeira, coloque os dois pés no chão. Você deve ficar imóvel durante a prática, "brincando de estátua". Recomendamos que feche os olhos – embora essa prática também possa ser feita de olhos abertos, mas isso implica em lidar com os estímulos visuais, o que muitas vezes limita a nossa interiorização – e volte-se para dentro. Se for mais confortável, fique com os olhos semiabertos, olhando para baixo/frente, um pouco à frente de onde se está sentado. Respire suave e profundamente pelas narinas.

Para ajudar a se concentrar e relaxar, você também pode fazer, no início da prática, e sempre que perceber a sua mente muito agitada, algumas respirações conscientes, levando a sua atenção de forma total para a respiração. Faça isso por alguns ciclos da respiração, como de 5 a 10 vezes, por exemplo, e, depois, deixe a sua respiração voltar ao normal, de forma que a atenção fique livre, apenas observando a tudo sem estar preso a nada.

Leve a sua atenção para o ar que passa pelas narinas, entrando e saindo. Se vier um pensamento (e é quase certo que ele virá), não tente evitá-lo ou brigar com ele. Deixe-o passar. Se perceber um diálogo interno com o pensamento, apenas volte a sua atenção totalmente para a respiração e naturalmente, pouco a pouco, isso se diluirá. Nesse processo você poderá verificar a existência de quatro momentos ou estágios: 1) a sua mente que divaga/dialoga internamente; 2) a sua consciência de que a sua mente está dialogando; 3) o deslocamento da sua atenção para a respiração; e 4) a atenção sustentada na respiração. Toda vez que o pensamento surgir e gerar um diálogo, você faz a mesma sequência. Esse é um exercício de atenção, concentração e observação. Ele deve ser feito de forma gentil e sem forçar. Assim, sempre que a sua mente se perder em algum pensamento, você gentilmente a traz de volta. Simples assim.

No desenvolvimento dessa prática, você pode experimentar mudar o foco da sua atenção, deixando-a em alguma parte do corpo, como no meio das suas sobrancelhas, ou focar nos sons que estão no ambiente, apenas observando, sem pensar sobre eles. É importante verificar qual forma torna a prática mais fácil para você e permite mais concentração e auto-observação.

Uma coisa que ajuda a prática é criar um bom hábito, sem ao mesmo tempo ficar preso nele. Um ritual (como fazer logo depois de acordar e/ou fazer sempre no mesmo local) ajuda a preparar o terreno, facilitando o desvencilhar dos pensamentos e iniciando o processo de concentração.

A disciplina inicial é recompensada com o prazer de manter a mente tranquila, apenas testemunhando o silêncio que está além de qualquer som, e nos fortalecendo para compreender e agir com respeito.

5.
Respeito e indiferença

"A indiferença é o contrário do respeito."

Indiferença é uma palavra que pode ter significados positivos ou negativos. Por exemplo: ser indiferente à identificação de gênero de alguém é algo positivo e necessário, pois demonstra consideração, deixando a pessoa livre para ser e agir da forma que preferir. Mas, indiferença também pode ser usada no aspecto negativo, que é quando eu não me importo com o sofrimento, com a necessidade do outro, ou seja, o contrário do respeito – e é nesse sentido que será abordada aqui.

A vida atual tem levado cada vez mais as pessoas a agir de maneira individualista. As cobranças por resultado, a necessidade de sobrevivência, a sensação de que o tempo está passando mais rápido, as ameaças, dificuldades no campo da saúde, economia, entre outros, acaba gerando um comportamento voltado à autopreservação. Essa forma de se comportar tem, como um de seus desdobramentos, a indiferença – que causa um impacto muito grande nas relações.

Indiferença é uma ausência de interesse em saber se o outro está bem, ou o que está acontecendo com ele. Também podemos entender a indiferença como uma falta de interesse em perceber nossa responsabilidade em relação àquilo que ocorre – mesmo que ela possa ser indireta.

Então, a indiferença é um sinal que estamos enviando de que o outro não vale nossa atenção ou esforço, pois o estamos tratando assim. Quando isso acontece, desrespeitamos as pessoas em seus direitos básicos de ser amado e receber ajuda quando têm problemas. Claro que isso não quer dizer que devamos sair por aí procurando descobrir qual é o problema de cada um; é preciso tomar cuidado para não cairmos na utopia de salvar o mundo. No entanto, é importante lembrar que, quando algo bate à nossa porta, ou seja, se apresenta em nossa realidade, é nosso, nos diz respeito. Se vemos alguém sofrendo – dentro de nossa casa, na sociedade, no trabalho ou na rua – e não fazemos absolutamente nada, essa indiferença é um desrespeito.

Às vezes, ao testemunhar alguém passando por uma situação desafiadora, não é possível pôr fim àquele sofrimento imediatamente. O fato de não dar dinheiro a quem nos pede na rua não significa necessariamente que somos indiferentes. Mas se não atuamos de alguma forma para transformar essa realidade, como procurar entender as causas disso, escolher um candidato que cuide desse problema, ajudar alguma entidade que trabalhe para minimizá-lo, abrir oportunidade para que pessoas que estão nessa situação recebam alguma ajuda, enfim, se não ajudamos a transformar, estamos, sim, sendo indiferentes.

É fato também que existem limites de tempo e recursos. Não há uma fórmula pronta, mas é importante sermos conscientes e estarmos atentos se não estamos fazendo algo porque já estamos envolvidos em outras coisas – com nosso tempo e recursos direcionados a ajudar determinadas pessoas e/ou causas (e temos um limite verdadeiro) –, ou se se é porque somos indiferentes e não nos importamos. A intenção real – que vai além de qualquer máscara, como da vontade de vender uma imagem, seja para si mesmo ou para o outro – é o que vai determinar se existe ou não indiferença e desrespeito. Isso não é algo que uma pessoa de fora possa ou deva julgar, já que vem de uma convicção individual. Falar do outro, muitas vezes, reforça a valorização de "parecermos" legais e respeitosos, em vez de efetivamente sermos assim. Esse discernimento exige autoconhecimento; exige coragem e vontade de olharmos a fundo o que desejamos aos outros e o que efetivamente fazemos, que são a base da existência ou da ausência de indiferença. Por ser um processo individual, não cabe que alguém de fora nos julgue.

Estamos falando de um entendimento proveniente de um estudo individual sobre nosso papel na sociedade; se estamos respeitando as pessoas ou se estamos sendo indiferentes. A indiferença em relação ao que acontece no planeta – como com os animais e meio-ambiente – também é um grande sinal de desrespeito. Uma falta de valorização das diversas formas de vida.

O caminho para romper as barreiras da indiferença é buscar e alimentar a conexão, colocar-se no lugar do outro, sentir o que o outro sente, perceber que o sofrimento de alguém nos causa sofrimento – direta ou indiretamente. É também descobrir que o outro revela aspectos nossos, pois muitas vezes o sofrimento do outro é o nosso sofrimento. Isso exige uma ampliação da conexão, que desemboca na consciência. Com consciência, resgatamos a vontade de ajudar, a consideração, o amor e, portanto, o próprio respeito.

6.
Respeito e autoconhecimento

"Por trás de todo desrespeito há uma carência, uma falta."

Respeito e autoconhecimento estão intimamente ligados e podem ser abordados de várias formas. Isso porque, para haver respeito por si mesmo e pelo outro, é preciso se conhecer – e, a partir desse centro interno, se abrir para conhecer o outro. Ou seja: o autoconhecimento é uma forma de desenvolvermos também uma visão mais profunda do que é o ser humano, de como funciona e, assim, aumentar nossa capacidade de respeitar.

Com 100% de certeza, é impossível haver respeito profundo sem autoconhecimento profundo. Isso tanto em nível individual – quanto mais você se conhece, mais pode se respeitar – como em nível coletivo – somente compreendendo a si mesmo e o ser humano como um todo, é possível respeitar os outros.

O respeito, no seu grau mais profundo, é cuidar do florescimento do ser, que é o nome que podemos dar à nossa essência mais profunda. Assim, autoconhecimento é tudo, porque é o que permite que você entenda quem é, por que faz as suas escolhas e tenha capacidade de encontrar felicidade e bem-estar na sua vida. Essa é a maior ajuda que um ser humano pode ter: se conhecer. Desse lugar, você pode ajudar melhor o outro a saber também quem ele é.

Aqui, temos uma relação direta com a primeira lei do respeito, a Lei da Intencionalidade Positiva e da Não Violência. É quando você quer realmente o melhor para si e para o outro. Esse é o cume, o ponto mais alto do respeito, por isso o autoconhecimento é tão fundamental. O inverso também é verdadeiro: a falta de autoconhecimento é a base do desrespeito, tanto em relação a si quanto ao outro. No Oriente, eles chamam isso de ignorância e aqui podemos chamar de inconsciência. Quanto maior o autoconhecimento, maior a consciência, maior o respeito.

Nessa relação entre respeito e autoconhecimento é preciso estar atento a um aspecto muito importante e que já foi citado: o autoengano. Isso porque a palavra respeito é algo que todo mundo ouviu, fala sobre e acredita que age de acordo. É impressionante como as pessoas têm uma tendência a achar que respeitam de verdade as outras. Aí mora o autoengano, ou seja, um entendimento completamente distorcido da realidade. Pois, quando vamos para o mundo e vemos as relações entre as pessoas, o que mais percebemos é o desrespeito. Basta observar como as pessoas se comportam em relação a si mesmas, ao seu propósito, necessidades e dores; o que se vê é uma questão muito profunda de desrespeito.

Então, é certo dizer que nada encobre mais a questão do respeito do que a falsa crença de que respeitamos os outros e a nós mesmos. Esse autoengano, que é o contrário do autoconhecimento, é uma barreira enorme para que o respeito se manifeste – e é também uma das principais causas para a existência do desrespeito estrutural em que vivemos, como já abordado anteriormente. E como essa mentira que contamos para nós mesmos pode ser atravessada? Precisamos ter humildade para olharmos e reconhecermos que não estamos conectados com a verdade. A aferição disso é a própria realidade das coisas, em que vemos – se olhamos de perto – que o respeito está faltando em nossa atuação. O autoengano só pode ser atravessado quando olhamos para os fatos, a realidade, a verdade.

Podemos começar a olhar esse respeito em relação às pessoas mais próximas, à comunidade na qual estamos inseridos, à empresa na qual trabalhamos, ao meio-ambiente que nos circunda; enfim, são muitas as dimensões do respeito. No mapa do respeito, no Capítulo 3 deste livro, abordamos algumas dessas dimensões – lá você pode avaliar como realmente está em relação ao respeito.

É muito importante cada um olhar para si com verdade e honestidade. Pergunte-se: "O quanto eu respeito a mim mesmo e aos outros?". Essa pergunta precisa ser feita para que nos libertemos desse autoengano, que causa uma visão distorcida da realidade, pois impede uma mudança no entendimento, nos sentimentos e na postura que temos em relação a nós mesmos e aos outros. Apenas indo além dessa mentira contada a nós mesmos é que será possível promover uma mudança de atitude em direção a uma ação mais respeitosa.

Respeito e identificação

Perceber e identificar os nossos desrespeitos pode nos levar à transformação, rumo ao respeito. Quando somos desrespeitados, isso aciona uma série de sentimentos e mecanismos que dirigem nossa atenção e a nossa energia para o outro, para a fonte do desrespeito. Aciona, em nós, sentimentos de injustiça, raiva, violência, medo, vingança, entre outros. E é exatamente esse acionamento que permite ou nos dá a oportunidade de perceber, se estamos atentos, que isso existe dentro de nós.

A falta de cuidado e de intencionalidade positiva que vem em nossa direção, embora sejam negativas, também podem servir como se o outro, sendo um espelho, nos mostrasse aquilo que ainda temos dentro de nós, facilmente perceptível quando somos tomados por esses sentimentos negativos. E isso abre uma oportunidade para caminharmos rumo ao respeito. Compreensões podem brotar como "não tenho como mudar o outro" ou "não há como fazer com que aquela pessoa me respeite", voltando toda a nossa atenção e energia para dentro, para como nos transformarmos. Isso não altera o fato de que devemos colocar limites para falta de respeito do outro, quando necessário. Porém, não devemos ignorar essa oportunidade de aprender mais sobre nós mesmos e evoluir.

O caminho é perceber que o desrespeito que vem de fora aciona algo dentro de nós, uma identificação que temos com um pensamento, um sentimento e/ou uma crença. Essa nossa identificação nos faz acreditarmos que somos esse aspecto, mas isso não é verdade. Ao percebermos isso, somos capazes de, aos poucos, abrir mão dessa identificação com "esse" em nós que quer odiar, revidar, se vingar. Se você consegue identificar algo, é porque esse algo não é você. Ao abrirmos mão das identificações, o que sobra é o que somos de verdade. E o que ajuda nesse processo é o treino da atenção, da auto-observação, do autoconhecimento, da intenção, da autorresponsabilidade, da honestidade e do direcionamento da força de vontade, tudo a serviço da construção do respeito.

Respeito e negação

Um fenômeno muito comum nas pessoas e na sociedade é a negação. Mas o que é a negação? É não olhar os fatos, ou até olhar, mas negá-los. Vemos uma realidade, mas dizemos que ela não existe. Criamos uma narrativa, uma argumentação que nega um fato. Por exemplo: dizer que não existe racismo no Brasil. Essa é uma expressão do negacionismo. Para saber que isso não é verdade basta olhar as estatísticas (sociais, econômicas, de ocupação de cargos, de distribuição de presidiários etc.).

Sempre que negamos a verdade, estamos desrespeitando. E uma negação feita por muito tempo gera muitos malefícios, atingindo e desrespeitando muita gente – pois se algo negativo não é entendido como real, nada pode ser feito para modificá-lo, já que, pela negação, ele "não existe". Isso perpetua a falta de respeito. A negação é uma antítese do respeito, pois mantém uma realidade, uma pessoa e/ou uma sociedade sem considerar o outro; é uma forma de retirar o direito do outro à verdade e ao necessário para que seja cuidado e respeitado. E quando é feito por um número maior de pessoas, gera um grande impacto social negativo.

E o que causa essa negação? Os fatos externos negados podem refletir aspectos internos da pessoa em negação. Ela não quer admitir ou ainda não tem consciência desses aspectos. O processo funciona como uma projeção, ou seja, negamos fora algo que estamos negando existir dentro de nós mesmos. Por exemplo, se uma pessoa tem muita violência dentro de si, mas a nega, essa pessoa pode negar a violência real que existe em relação a um determinado grupo social. Ou seja, a negação interna de um padrão negativo impede a consciência de sua existência externa e inviabiliza a possibilidade de transformá-lo. Essa lógica da negação precisa ser quebrada.

É importante perceber que, por trás de toda negação, existe dor e medo – inclusive de entrar em contato com a dor. Essa dor vem de traumas, situações de exclusão, humilhação, sentimentos mortificantes que a pessoa que nega carrega. O autoconhecimento é o caminho para trazer a negação, e o que está por trás dela – como os fatos traumatizantes, a dor e os medos –, para a superfície, para serem conhecidos, tratados e transformados. Dessa forma, se desconstrói o que dá sustentação à negação, trazendo consciência e respeito ao se tratar a realidade.

Respeito e orgulho

Na busca por respeito, e utilizando o autoconhecimento para entender como funcionamos e o que nos impede de atuar a partir da consideração e do cuidado, um ponto fundamental é podermos identificar a atuação de um aspecto do ego ou de uma das formas de se referir ao ego, que é o orgulho. Aqui, usamos a palavra orgulho na sua característica negativa, ou seja, não é orgulho de pertencer, de fazer parte de um movimento de fazer o bem, que às vezes é utilizado em linguagem coloquial. Ao falarmos de orgulho neste livro nos referimos a um aspecto da nossa psique que quer ser melhor que o outro, ter benefícios a mais, ser especial.

Esse orgulho se manifesta de muitas formas, algumas mais grosseiras e outras mais sutis. Nós temos a prepotência, a vaidade, a exibição, mas também temos a vergonha, a culpa, o sentimento de inferioridade e/ou de superioridade (que nascem do orgulho). Quando estamos identificados com o orgulho e acreditamos ser ele, perdemos o foco no outro, ou pelo menos o foco de querer o bem do outro. O outro serve apenas como um parâmetro para comparação, para procurar ganhar energia se sentindo melhor ou pior e, assim, retroalimentar esse aspecto negativo que é o orgulho. Então, nós deixamos de ter uma intencionalidade positiva, inclusive em relação a nós mesmos, porque o orgulho é uma farsa, ele usa a nossa roupa, mas não é o que somos.

Trata-se de um aspecto distorcido, pois não está conectado com o coração, com o nosso propósito, com a nossa alma. Ele foi construído a partir de um sistema de defesa para nos proteger de sentimentos humilhantes, negativos, que em algum momento sentimos devido a choques e traumas, por situações difíceis que vivemos.

É importante entender que o orgulho é muito presente nas pessoas e em nós. Ele é uma âncora que impede que o respeito aconteça. Fotografá-lo, investigá-lo, perceber a sua existência, ir atrás e investigar suas causas, é um trabalho fundamental para aquele que quer, efetivamente, se tornar uma pessoa mais respeitosa em relação ao outro e em relação a si mesmo, pois esse caminho nos leva à humildade – uma das bases do respeito.

7.
Autorrespeito

*"O respeito começa por nós, pois só damos o que temos.
Assim, no mais profundo, o autorrespeito é a base do respeito.
E funciona neste fluxo: se dá e se recebe."*

Parece tão simples, mas uma das coisas mais difíceis que há na vida é uma pessoa se respeitar totalmente. Você poderá verificar isso na sua realidade utilizando o Mapa do Autorrespeito – que está no Capítulo 3 deste livro - uma ferramenta objetiva para você avaliar onde falta respeito por você mesmo em 26 áreas ou aspectos da sua vida.

Ao falar em autorrespeito, muitas vezes vem o pensamento de respeitar se queremos ou não comer tal coisa, sair ou não com determinada pessoa, ir ou não para determinado lugar. É claro que essas questões têm a ver com o tema do respeito e são importantes, mas isso ainda é muito pouco. Embora se trate de respeito por si mesmo, essa é uma camada mais grosseira do autorrespeito, e nem ela, muitas vezes, costumamos ter. Por exemplo, é muito comum a pessoa não querer uma coisa, mas, para ser simpática, ou sair bem na foto, dizer que quer. Várias vezes ela nem sabe o que quer ou não quer, do que gosta ou não gosta.

Desde o nascimento, fomos condicionados pela família, pela sociedade, pela escola e pela cultura de onde vivemos. Nesse condicionamento, aprendemos o que é bom e o que não é bom, o que é gostoso e o que não é gostoso, mas não aprendemos nada disso a partir de uma experiência interna, mas sim externa, daquilo que os outros nos falavam e do que víamos sendo feito por eles. Como todo ser humano, que quer ser amado, acabamos "nos vendendo" para nos sentirmos aceitos e, com isso, nos desconectamos do que é verdadeiro em nós. Comportamo-nos de certa maneira para conseguirmos o amor dos outros e esquecemos de respeitar o que realmente queremos. Não respeitamos o que queremos porque não sabemos o que queremos – apenas achamos que sabemos.

Já que ignoramos a realidade, o autorrespeito se torna muito difícil. Não temos consciência do que é real, e a ignorância é sempre o grande ponto. Estando inconsciente da realidade, não é possível ter autorrespeito. Mas o que sustenta essa inconsciência? São os sentimentos reprimidos e negados, junto com a necessidade distorcida de sermos reconhecidos e amados. Como já apontado, todo ser humano quer ser amado, é uma necessidade genuína da nossa alma. Mas, a experiência na Terra traz episódios de exclusão, de abandono, de falta, que geram feridas emocionais. Essas feridas, que normalmente não são tratadas, são carregadas desses sentimentos reprimidos e negados, pois acreditamos que a existência deles impedirá que sejamos amados pelos outros. E isso nos prende em um círculo autoperpetuador, do qual não conseguimos nos libertar. A nossa percepção fica comprometida, gerando uma forma distorcida de ver a realidade e agir. Por exemplo, se alguém nos faz uma crítica e isso toca em nossa ferida, vemos na crítica uma ameaça que pode gerar uma ação contra a pessoa que nos fez a crítica, mas pode também gerar uma grande frustração e um sentimento de incapacidade, em que nos desvalorizamos, faltando com o respeito próprio. Isso nos mantém presos e dependentes desses sentimentos negativos, que se tornam parte da nossa personalidade, ou seja, do que acreditamos que somos. Essa dependência faz com que nossa atenção esteja fixada na busca daquilo que acreditamos que vai tapar esse sofrimento causado pelos sentimentos negativos. Assim, acabamos "respeitando" tudo o que achamos capaz de preencher nossa sensação de falta ou sofrimento. Essa é uma maneira desvirtuada, contaminada, de lidar com a realidade e que gera um grande desrespeito.

Outro fator profundo, que existe em muitas pessoas, e que impede o autorrespeito, é uma intencionalidade negativa, um desejo de não se respeitar. Isso acontece por existir uma grande raiva, um ódio por si mesmo, ou seja, um auto-ódio. É difícil entender cognitivamente como é possível alguém sentir ódio por si mesmo, pois vai contra a lógica de que queremos o melhor para nós. Certamente há uma parte consciente que quer esse melhor, mas, como a nossa psique é fragmentada, e temos um grande conteúdo inconsciente, existe uma parte nossa que quer o contrário. É aquela parte que tem vontade de pôr fogo no circo, de chutar o pau da barraca, de acabar com coisas que são positivas para nós.

É possível que essa intencionalidade negativa se manifeste na forma da autossabotagem em diversas áreas da vida: na nossa relação com o corpo e na forma como nos alimentamos; nas escolhas de relações abusivas; naquilo que fazemos para ganhar dinheiro etc. É possível olhar para essas áreas da vida e se perguntar: eu me respeito? É importante reconhecer quando há um lado seu, quase sempre inconsciente, torcendo contra. Esse certamente é o nosso pior e maior inimigo. Mesmo tendo um papel significativo, também é importante lembrar-se de que esse não é o seu eu "inteiro", apenas uma parte da sua psique fragmentada.

O auto-ódio é o oposto do autorrespeito, e o caminho para irmos além dele é tomarmos consciência de sua existência, observando as nossas escolhas concretas e suas consequências. Isso nos conduz a uma segunda camada: o respeito pelo nosso mundo interno, pelos nossos sentimentos mais profundos. Respeitar que, em determinado momento, estamos precisando de algo, e às vezes isso não está de acordo com o padrão de referência que aprendemos. Respeitar, por exemplo, que precisamos ficar isolados durante um período ou que estamos tristes; respeitar um sentimento para poder lidar com ele.

Para termos autorrespeito, devemos nos atentar a três etapas que nos ajudam a caminhar rumo a ele: primeiro, precisamos aceitar e reconhecer a existência do que sentimos, do que precisamos, que muitas vezes é revelado a partir de uma situação específica que estamos vivendo. Com esse conhecimento e essa compreensão, precisamos agir adequadamente, respeitando o sentimento ou a necessidade. Essa é a segunda etapa. Ao realizarmos essas duas etapas, surge novamente a capacidade de reconhecer e compreender do que necessitamos, agora mais claramente, bem como de agir adequadamente. Esse é um ciclo contínuo, que nunca termina.

É preciso um quantum de disposição para entrar em contato com o que sentimos e necessitamos e para agirmos a partir dessa compreensão. Talvez seja necessário acessar aspectos doloridos dentro de nós, e isso pode ser bastante desafiador, mas não há outro caminho que não seja compreender o que acontece no nosso mundo interior. Se não há compreensão, se não há respeito por esses fatores, é porque provavelmente alguma coisa os bloqueou. Podemos entender isso da seguinte forma: imagine alguém que está em um lugar, mas, como não queria estar nele, nega a realidade e fantasia que está em outro lugar. Enquanto essa pessoa não admitir que está naquele lugar, ela nunca será capaz de sair dali. Funciona como um mapa: se você está com o mapa errado, não consegue se localizar. Pode parecer estranho, pois é fruto muitas vezes de atuações do nosso inconsciente, mas querer usar um mapa errado é uma falta de respeito consigo mesmo. Olhando objetivamente, parece uma loucura, mas é assim que funcionamos quando não estamos conscientes dos nossos sentimentos negativos e, principalmente, somos dominados por eles. Por isso é tão importante mapearmos os nossos sentimentos para sabermos o que fazer.

A terceira camada para o autorrespeito, e que é mais profunda – pois é a origem de todas as outras – é o respeito por nossa essência. A falta de respeito com nosso ser mais íntimo, com aquilo que a gente é e com o que a gente veio fazer nesta Terra é o maior dos desrespeitos. Perguntas como "Quem sou eu?" e "O que vim fazer aqui?" são fundamentais para sabermos o que devemos respeitar. Não é possível nos respeitarmos se não temos a menor ideia do que somos.

Na maioria das vezes, nos identificamos com aspectos da nossa personalidade e das experiências que vivemos. Por exemplo: nascemos de um pai e de uma mãe, em um determinado lugar, recebemos um nome, frequentamos uma escola; essas características não nos definem, são simplesmente experiências que tivemos. Mas quando ficamos presos ao que é esperado pelas pessoas, e por nós mesmos, por causa dessas características, nos distanciamos da nossa essência, do nosso propósito de vida. Como a atenção só pode ser colocada em uma coisa de cada vez, se a nossa atenção está voltada a atender as expectativas que os outros têm de nós, ou, que nós mesmos criamos para nós a partir dessas características, não nos permitimos ir além delas – para aquilo que é muito mais importante. Essa descoberta exige uma constante auto-observação, para chegarmos a um real e profundo autoconhecimento.

O respeito aumenta proporcionalmente à nossa capacidade de compreendermos quem somos e o que viemos aqui fazer. Por isso que o respeito pelos outros e pelo todo nasce do autorrespeito.

De forma simplificada, respeitar a si mesmo é respeitar o nosso verdadeiro ser, a nossa essência, e, quando o compreendemos, agirmos a partir dele. Mas, podemos nos perguntar: Por que não sabemos quem somos, se daí deveria sair todo o nosso agir e respeitar? Porque assim é a vida neste mundo. Nascemos dentro de uma realidade que normalmente nos desconecta do que somos e nos formata em algo que não somos. Certas experiências e traumas nos afastam da nossa essência e trazem consequências em todos os campos da nossa vida. Devido a essa desconexão, fazemos muitas bobagens na vida, nos desrespeitamos e desrespeitamos os outros.

Se respeito é cuidado, e você só vai cuidar de algo que conhece e dá valor, o caminho rumo ao respeito passa necessariamente pelo autorrespeito, ou seja, pelo entendimento de quem você é e do profundo reconhecimento da sua essência e valor.

8.
Respeito, ética e amor

"As qualidades sublimes infundem respeito; as belas, amor."
Immanuel Kant

O respeito pode ser compreendido como um sinônimo de ética e de amor. Como já vimos nos capítulos anteriores, agir com respeito gera uma série de benefícios para nós, desde amor-próprio e empoderamento até o fortalecimento de pensamentos positivos, conectados com o bem e o bom para nós e para os outros.

O Homo sapiens ainda é um ser humano em potencial. Ele tem a capacidade de pensar, refletir, mas são as suas escolhas, que se materializam em pensamentos, sentimentos, palavras e ações, que vão moldar efetivamente a sua existência e aquilo que ele é. Assim, o Homo sapiens se torna um ser humano quando ele efetivamente age a partir dos valores humanos. Os valores humanos são desdobramentos do amor e o respeito é um dos mais nobres desses valores. Não há ser humano sem amor ou sem respeito.

Uma situação em que pudemos ver com mais clareza os desafios que temos para nos afinarmos com esses valores humanos, em especial o respeito, foi o período mais crítico da pandemia da Covid-19, em 2020. Os processos emocionais foram bastante intensificados, uma vez que não havia mais como escapar da realidade por meio das diversas distrações que funcionavam como amortecedores para não sentir aquilo que nos incomodava, nem perceber o que pensávamos. Normalmente, dispomos de um monte de coisas que nos distraem, mas, no isolamento daquele tempo, não tínhamos mais isso. Era sensível a diminuição da quantidade de amortecedores e muita coisa ficou mais complicada.

Aquela crise provocou frustrações, inseguranças em todos os aspectos (física, social, financeira, em relação ao futuro) e principalmente o medo. O medo ficou mais forte e foi procurando espaços de ressonância dentro de nós – aquilo que está mal resolvido em nosso interior normalmente tem alguma ligação com o medo.

Embora no início seja difícil ver, o medo é um grande fator na vida de todo mundo: medo da não sobrevivência, de não ser amado (um dos maiores medos do ser humano), de ser excluído, de não ser parte de algo, de morrer. São feridas que carregamos e fazem com que tenhamos uma série de comportamentos de defesa, em geral desrespeitando os outros e a nós mesmos. Quando atuamos a partir do nosso pior, do nosso "eu inferior" – que se manifesta de várias formas como gula, avareza, inveja, preguiça, raiva, orgulho, luxúria, medo e mentira –, acabamos sempre desrespeitando ao outro e/ou a nós mesmos.

O movimento básico do ser humano é descrito na Terceira Lei de Newton: ação e reação. Todo ser humano quer felicidade, anseia por isso. E também foge da dor. Infelizmente, quando temos baixa consciência, não percebemos que nós mesmos causamos a felicidade e o sofrimento. De maneira equivocada, acreditamos que são fatores externos que nos geram alegria, felicidade ou sofrimento. Alguns episódios na vida servem como um empurrão para o movimento. Primeiro, para lidar com aquele sofrimento, até entender que essa sofrimento é fruto de uma escolha de percepção daquele fato externo. A Covid-19 foi um exemplo, mas temos vários outros. As eleições gerais de 2018 e 2020 no Brasil são bons exemplos também, pois mostraram divisões, afastamentos, julgamentos, que trouxeram sofrimento. Famílias separadas, brigas, atos fortes de violência em âmbito institucional. Tudo isso, embora seja negativo, pode ser utilizado como algo a ser estudado para percebermos, primeiro, a nossa identificação com os sentimentos, pensamentos, as palavras e ações que envolvem essas realidades, essas situações. Posteriormente, uma pesquisa do que levou a essa identificação. Mas, principalmente, o despertar da consciência de que é uma escolha nossa nos identificar ou não com isso. O respeito nos dá ferramentas e conhecimento para irmos além dessa identificação.

Podemos dizer que o caminho do respeito – que, como já dissemos, é sinônimo de ética – nos leva à felicidade. A ética é estudada há milhares de anos exatamente por ser entendida como o que possibilita a felicidade – que aqui entendemos como um estado de conexão, de ausência de sofrimento, de tranquilidade e de paz, que é um dos frutos mais elevados do respeito.

Uma das formas de definirmos ética é enquanto reta razão ou ação que busca o bem e o bom para si e para o outro. Para verificarmos se isso está realmente ocorrendo, podemos nos utilizar do estudo de três pilares:

1. O primeiro pilar é se a ação é realmente positiva. Se a ação que vai ser feita é a melhor, mais correta, baseada no conhecimento, na ciência, na experiência. Se é realmente adequada para aquela realidade.
2. O segundo pilar são os reflexos da ação, ou seja, o que ela gera, as suas consequências para você e para o outro. Essas consequências são positivas? Elas impactam positivamente todos que de alguma forma receberão desdobramentos dessa ação? Elas são positivas no curto, no médio e no longo prazo?
3. O último pilar é ter clareza do propósito, do motivo, da razão que leva à ação. Essa intenção é de gerar o bem e o bom para si e para o outro? A intenção nem sempre é tão clara, por conta do autoengano, da dificuldade que muitas vezes temos de entender as nossas reais intenções. Às vezes, ela tem uma parte positiva, mas vem também misturada com uma parte egoísta, que não quer o bem, contaminada por pensamentos e sentimentos negativos.

Em resumo, para agir com ética, é preciso buscar sempre uma ação positiva que gere boas consequências e que seja lastreada em intenções positivas. E o positivo é fruto dos valores humanos. Assim, ética acontece quando atuamos a partir dos valores humanos, sendo o respeito um dos seus principais. E os três aspectos da ética citados acima estão dentro das sete leis tratadas neste livro e, portanto, são fundamentais para a existência do respeito.

9.
Respeito, julgamento e crenças

"Julgar é uma maneira de esconder suas próprias fraquezas."
Conceito taoísta

O respeito também pode ser definido como um sentimento de amar a vida e se importar de verdade consigo, com os outros, com o todo. Entretanto, essa realidade é distorcida devido a um erro de origem na forma como o respeito é percebido: a maioria das pessoas tem a mente ocupada em ser respeitada, ao invés de respeitar. É comum escutar que todos devem respeitar uns aos outros, mas no processo interno de cada um é muito mais recorrente o pensamento de checar se os outros estão nos respeitando do que se nós estamos respeitando. Isso acontece porque estamos (pre)ocupados em evitar nos sentirmos desrespeitados.

Esse nosso processo mental focado em avaliar as pessoas, em julgá-las, é que torna o respeito tão raro. O ego acredita ser mais importante, superior, e precisar se defender. Funciona cheio de ideias pré-concebidas (crenças), como a de que o outro é um perigo – pois vai fazê-lo sofrer - e de que há uma falta, uma escassez, que impede que todos vivam bem, em igualdade e liberdade. Então ele precisa se defender e ser melhor do que os outros, "se destacar", por medo. Esse processo mental vem de uma carência – que, em menor ou maior grau, todos sentimos – que temos, pois buscamos ter as nossas necessidades atendidas pelo outro, de forma quase sempre egoísta e egocêntrica. É um processo típico de uma mente não trabalhada, que pensa compulsivamente e está sempre julgando, sem ter espaço para olhar de verdade para o outro, muito menos respeitá-lo.

Apenas voltando-se para dentro é possível olhar como cada um se respeita. Ao abrir mão do julgamento, deixamos que o outro seja do jeito que é, e, com o tempo, aprendemos a dar força para que ele se manifeste. Como já apontado, talvez o maior respeito de todos seja ser o que se é com inteireza.

Por tudo isso, o respeito é um valor muito nobre, pois, para atingi-lo em todos os seus aspectos, faz-se necessário estar em um nível elevado de consciência, presença, amor e outras qualidades e valores que caracterizam o ser humano na sua forma plena; características que funcionam como suporte para que o respeito aconteça em sua totalidade.

Gosto de dar destaque para três desses valores para o desenvolvimento do respeito: integridade/honestidade, autorresponsabilidade e gentileza. Honestidade radical, verdade e clareza para poder saber o que é e o que não é importante – e atuar com integridade para respeitar aquilo que é. Autorresponsabilidade para assumir 100% como se escolhe viver o aprendizado aqui na Terra, sem culpar nada nem ninguém. E gentileza, para tornar tudo mais gostoso e ter o cuidado com o outro e consigo mesmo.

Ao fazer um mergulho interno, a pessoa começa a perceber uma série de desafios e dificuldades para que efetivamente haja respeito por si mesmo e pelo outro. Neste momento estes três valores são de grande valia.

Por outro lado, de todos os aspectos contrários ao respeito, o julgamento talvez seja o que melhor os representa, e é imprescindível entendermos o que ele vem a ser. O julgamento é a não aceitação daquilo que é, e se manifesta quando se faz interpretações dos fatos.

A palavra interpretação, no contexto deste livro, significa: atribuir um sentido enviesado a alguma situação, traduzindo os dados de uma maneira distorcida e que causa danos à própria pessoa e aos outros, pois ela está descolada da realidade. Nesse contexto, a interpretação acontece para atender a alguma necessidade, sendo movida por intencionalidades negativas – já que estão a serviço, como vimos, de defender uma ideia, diminuir uma pessoa, distorcer fatos para gerar algum ganho, entre outros. Esse "ganho" que vem a partir da interpretação nos faz sentir melhor que o outro, mostrar que sabemos mais, e sempre alimenta o nosso pior, gerando destruição e violência. Todo julgamento é um ato de violência – inclusive contra si mesmo, como quando nos julgamos com adjetivos negativos, explícita ou implicitamente. Esse autojulgamento obviamente nos traz consequências negativas, mas é importante compreender que mesmo quando julgamos outra pessoa trazemos consequências negativas para nós, pois estamos nos afastando do fato, ou seja, da verdade – e da própria pessoa. A principal forma de eliminar o julgamento é cessar com todo tipo de imaginação, de fantasia, de dar energia para os pensamentos que se afastam da realidade. Os três valores citados acima (honestidade, autorresponsabilidade e gentileza) também ajudam muito a desfazer os julgamentos.

Na fase inicial da auto-observação, para ir além do julgamento, você pode observar quando olha para uma pessoa ou situação e percebe pensamentos de interpretação, que dizem que ela está malvestida, foi estúpida, está gorda, qualquer coisa. Muitas vezes você nem quer ter esses pensamentos de julgamento, mas eles estão ali. Nesse momento, o foco é simplesmente tomar consciência desse julgamento e não o alimentar, interrompendo o diálogo interno, pensar sobre ele, dar atenção para ele. Com certeza existem causas para esse tipo de julgamento, sentimentos; é algo que o processo de auto-observação aos poucos revela.

Outra ferramenta é a autoinvestigação para tentar descobrir por que, em seu processo mental, aquele julgamento apareceu. Você pode fazer isso se perguntando: "Por que estou julgando essa pessoa, interpretando o que ela diz e a forma como age?" Pode ser que você descubra feridas, traumas que geraram sentimento de inferioridade e carências, entre outros, que estão alimentando esse julgamento e foram projetadas nela. Mas esse é um processo lento, que tem um tempo e que varia de pessoa para pessoa. Aos poucos, esses julgamentos vão deixando de acontecer, diminuindo, se tornando mais raros. É um processo que demanda a disciplina da auto-observação, por meio da atenção e com paciência.

É fato que o julgamento nasce de um espaço negativo dentro de todo ser humano, um lugar de inferioridade, que gera comparação e rotulação. É uma tentativa de preencher esse espaço negativo, onde habita uma sensação de falta e de ausência, que vem do sentimento de pequenez, incompletude e imperfeição. O julgamento é muito rápido: bobeou, você já está julgando. Para ir além dele, é preciso uma postura muito firme e bastante atenção, pois muito daquilo que bloqueia e distorce a percepção da realidade – gerando o julgamento –, também bloqueia e dificulta a percepção dos sentimentos. Assim, para trazer consciência e quebrar esse padrão, podemos nos perguntar: "O que que eu estou sentindo?", "O que eu quero?".

Além de se sentir, também podemos nos conectar com os outros, percebendo e sentindo o que os impedem de serem respeitados e terem uma postura positiva em relação aos demais. Sentir é fundamental para poder respeitar; sentir a si mesmo para poder se respeitar e sentir o outro para poder respeitá-lo. Nesse lugar existe a empatia, a compaixão e uma série de outros valores que dão suporte no caminho e na construção do respeito.

Respeito e crenças

Outro aspecto do julgamento são as crenças. Crenças são ideias que consideramos reais, verdadeiras, e utilizamos para pensar e tomar decisões. É algo de que temos convicção; então buscamos agir em conformidade com essa crença. Entretanto, crença não é uma verdade, mas uma interpretação da verdade. Compreender um pouco melhor como ela se forma pode nos ajudar a superá-la.

Toda crença pode ser vista como um julgamento que se tornou sólido, duro e cristalizado. Quando o julgamento se torna crença, ele cria um corpo, uma força que nos mantém presos – o que torna difícil abrir mão dele. Esse processo pode ser observado em nosso cérebro: a crença se consolida em uma cadeia neural, um conjunto de neurônios que, a partir do pensamento repetido várias vezes, se aproximam uns dos outros para que as sinapses aconteçam mais fácil e rapidamente. Assim, o pensamento em questão, que é um julgamento, se torna automático, cristalizado, tornando mais difícil que a crença seja desmantelada, já que esse caminho neural é frequentemente acionado e age muito rapidamente.

São muitas as crenças equivocadas e limitantes que temos e que geram falta de respeito em relação a si mesmo e ao outro. Crenças como: eu não mereço; ela/e não merece; eu sou melhor; ela/e é melhor; só tem valor quem trabalha muito; o sofrimento mostra o valor de uma pessoa; a vida é para os mais fortes; homem deve fazer assim; mulher deve fazer assim, etc.

As crenças não vêm de um espaço conectado, onde há uma sincera preocupação consigo e com o outro. Vêm de um julgamento e sempre estão contaminadas com medo e/ou mentira. Muitas das crenças são semiconscientes ou inconscientes e, por isso mesmo, dominam a pessoa sem que ela perceba que age a partir daquela lógica.

Um exemplo – e uma desculpa bastante frequente usada para justificar a impossibilidade de agir com respeito – é a ideia de que o desrespeito é normal, que o ser humano é desse jeito e não vai mudar nunca, pois a vida é assim. Muita gente acredita que ser sempre boa leva a ser feita de boba, justificando seu desrespeito naquilo que fulano ou beltrano faz ou deixa de fazer. Isso tem a ver com o jogo de acusações e como a mente funciona, mas aqui é preciso colocar uma lente de aumento em uma crença específica que diz não ser possível viver sendo tão legal, já que ninguém é sempre assim. Essa crença se acopla a outra na qual se acredita que se todo mundo for amoroso e gente boa, a vida perde a graça, a aventura, o desafio.

Tudo isso não passa de crenças e está completamente longe da realidade. As crenças escondem um desejo quase compulsivo de querer impor aos outros nossas opiniões; oculta o desejo de querer falar mal do outro, de continuar os julgamentos e a desconsideração em relação às pessoas. E vai na contramão do respeito.

Todo tipo de preconceito, por exemplo, é fruto de um julgamento prévio negativo, de uma crença, que estigmatiza pessoas, coisas ou ideias. Falaremos um pouco mais sobre preconceitos quando abordarmos Diversidade, Equidade e Inclusão no capítulo sobre ESG.

Respeito e preferências

Outra maneira de perceber o julgamento é quando queremos que nossas preferências sejam adotadas pelos outros. Essa questão é bastante delicada e é fonte de muito desrespeito, pois traz uma confusão entre o que fazemos e queremos – e achamos que é certo para nós – e como avaliamos e lidamos com aquilo que o outro faz e quer. Cada indivíduo tem uma visão do mundo, uma forma única de pensar; cada um tem uma noção do que acha certo para si. Mas isso não significa que as outras pessoas tenham de pensar da mesma maneira, por exemplo: você pode gostar do azul e achar que essa é a melhor cor, a mais bonita. Isso é um direito seu, você tem essa escolha. Entretanto, é um desrespeito acreditar que os outros também têm que gostar do azul pelas mesmas razões que te levaram a preferir essa cor.

Esse é um exemplo do mecanismo do julgamento e da falta de consideração com a percepção, a vontade e o entendimento do outro. O desrespeito é muito forte quando queremos impor ao outro aquilo que acreditamos ser certo; vemos isso quase o tempo inteiro – nas relações conjugais, na atuação de certas pessoas sobre o tema da religião e no plano da política. Também é possível perceber esse comportamento ao conversar sobre os mais diversos temas nas mais variadas situações.

Em suma, é importante que você compreenda que, quando usa sua lógica, seu padrão de pensamento e de entendimento com a intenção de que o outro se comporte de determinada forma, comete um enorme desrespeito. Essa é uma forma de gerar violência, agredir o outro e de forçá-lo a ser como você deseja, desrespeitando sua natureza. Desse mesmo lugar muitas vezes nasce a manipulação, em que fazemos ou dizemos coisas para influenciar as pessoas a se comportarem da forma que queremos e entendemos como correta.

Assim, quando você olhar para os outros, esteja atento à ideia de que o jeito como você pensa não é "a forma", é apenas "uma forma" de pensar. Isso muitas vezes exige treino de foco e atenção para que não sejamos tomados por um conjunto neural "viciado", e, consequentemente, tenhamos um entendimento equivocado.

Respeito a outra cultura

Respeitar outra cultura significa, ao estar no local dessa cultura – seja um país, uma comunidade, uma família, uma empresa –, você se comportar conforme aquela cultura entende que é a forma adequada, mostrando a sua consideração e respeito, já que você está lá. Em uma simples analogia, se você vai na casa de alguém, você respeita a forma como a pessoa arruma os pratos, o tipo de toalha que tem no banheiro, a cor com que pintou a parede etc.

Isso implica em não julgar aquela cultura. É você não querer provar, para os outros ou mesmo dentro de você, que aquilo está errado. Não querer corrigir, dando justificativas internas ou em uma conversa do porquê que aquela cultura está errada. Isso vale quando você está na localidade, mas também vale quando você está longe.

Se não se identifica com uma comunidade, ou seja, com os valores dela, pois não refletem os seus, você simplesmente não precisa viver nessa comunidade – escolha uma que tenha valores próximos aos seus.

Caso contrário, você provoca uma guerra interna (ou até externa), uma violência, ou seja, falta com respeito.

Viver em harmonia, em paz, significa respeitar as escolhas e aquilo que as pessoas valorizam, mas se uma determinada cultura traz algum tipo de violência para você, como no caso de uma cultura que penaliza quem tem uma certa orientação sexual, você deve se afastar, afinal aquela comunidade não é o lugar onde você deve viver. Você deve sempre escolher aquilo que se adequa às suas necessidades. Ter isso como um norte no seu processo decisório é a escolha pela paz e pela harmonia, que são frutos de respeito.

Em alguns casos específicos, justifica-se tentar modificar e transformar uma cultura, como quando você é parte de uma comunidade que tem valores que efetivamente te violentam. Mas isso deve ser feito também com respeito, sem violência, mostrando por que essa transformação é tão importante para aquela comunidade. Um exemplo disso foi a atuação de Gandhi para libertar o povo indiano da dominação inglesa, no processo de independência da Índia. Ele optou por agir com respeito, sem violência, algo extremamente difícil na situação em que se encontrava. Escolhas difíceis, que exigem uma convicção muito forte interna para agir, mesmo em situações extremas, podem se amparar no norte do respeito.

10.
Respeito e intenção

"O verdadeiro respeito vem do coração e não da mente."

A primeira das Sete Leis do Respeito é sobre intencionalidade positiva. Isso deixa claro o quanto conhecer a sua intenção e estar firmado em uma intencionalidade positiva é fundamental para se agir com respeito. Mas, como já vimos, nem sempre a intenção fica clara. Imagine que o respeito fosse uma caixa. O lado de fora da caixa – que todo mundo vê – são as nossas ações e atitudes concretas: a forma como falamos com as pessoas, o jeito como fazemos algo e tratamos as coisas. Ou seja, o lado externo da caixa é tudo aquilo que é perceptível ao campo da visão, audição, tato – inclusive olfato e paladar. A forma como você percebe as ações de uma determinada pessoa se dá por meio dos seus sentidos. Ao ler o que e como ela escreve, você tem a sua impressão se existe ou não cuidado, se o texto trata o outro respeitosamente (o que não necessariamente é a realidade, pois é apenas a sua impressão). Mas essa é somente a parte de fora da caixa.

E a parte de dentro da caixa? A parte interna é que dá sustentação de verdade à caixa e define a existência do respeito. Trata-se da intenção por trás de determinado pensamento, palavra, ação – ou até mesmo omissão. A intenção é a origem de tudo o que você pensa ou faz, mesmo quando ela não é clara. E por que, algumas vezes, ela não é clara? Porque a atuação do inconsciente – que é uma parte da psique em que existem processos mentais, impulsos, desejos, lógica e/ou realidade que escapam à nossa consciência e entendimento, principalmente devido a aspectos que foram negados, censurados ou reprimidos – é muito forte. Todo mundo ouve falar sobre o inconsciente, mas é impressionante como pouca gente tem noção do tamanho e do peso efetivo de sua influência na nossa vida, nas nossas escolhas e ações. Então, ao pensar sobre o respeito, é preciso investigar o inconsciente e verificar se você quer agir respeitosamente e se suas intenções são verdadeiras em querer cuidar e tratar o outro de forma humana, positiva, amorosa e ética. Isso exige um mergulho dentro de si mesmo e é aqui que entra o autoconhecimento.

Um cuidado que exige atenção é o de não querer ser perfeito; faça o seu melhor, buscando a perfeição, mas não queira ser perfeito. Parecem a mesma coisa, mas são completamente diferentes. Quando buscamos a perfeição, queremos sempre ser melhores, evoluir. Já quando buscamos ser perfeitos, defendemos uma ideia, uma forma não verdadeira de ser. Nesse caso, estamos evitando encarar certas coisas em nós porque o foco é ser perfeito, e com isso não olhamos nossa imperfeição, muito menos a admitimos. Evitamos olhar para o fato de que realmente não tínhamos uma boa intenção em determinada situação; de que não estávamos realmente preocupados com aquela pessoa, de que no fundo havia raiva, muito presente nas nossas palavras, atitudes e omissões. Na verdade, raiva e medo são dois componentes muito fortes na psique humana e são sinais de que você sente uma ameaça à sua sobrevivência – e, nessa situação, fica difícil ter respeito. Muitas vezes queremos nos vingar por algo que entendemos não ter sido justo; são muitas as razões que nos levam a agir de maneira negativa, quase sempre semiconscientes ou inconscientes.

Olhe com compaixão, carinho e respeito para suas limitações e dificuldades em ter uma intenção positiva porque, por trás de todos os sentimentos negativos, também existe dor. Quase sempre – para não usar a palavra sempre – nossas intenções negativas nascem de atos muito desrespeitosos que nos foram infligidos; nossos pais, parentes e colegas de escola nos deixaram marcas que fazem com que não tenhamos apenas boas intenções. Está tudo certo, somos humanos. Mas se você quer de fato entender como é agir com respeito e verdade, precisa olhar para isso tudo de frente. O respeito – como já vimos – engloba olhar vários aspectos, como ampliar sua consciência e estar atento a como agir da melhor forma possível.

No fundo, estamos falando de um amor verdadeiro – por qualquer pessoa. Dessa forma, se você realmente quer agir com mais respeito, deve olhar de verdade – em cada situação – qual é a sua intenção. Abra espaço para observar as motivações existentes dentro de você que te levam a um lugar ou outro. Isso é, de verdade, estar comprometido com o respeito.

Respeito, intenção e identificação

Como vimos, o respeito está relacionado com a intenção, que é a base de tudo. Mas quem, em nós, tem uma determinada intenção? Quando estudamos a psique humana descobrimos que ela é fragmentada, com diferentes aspectos e ideias, muitas vezes contraditórios entre si, e também percebemos que as intenções, quando não respeitosas, nascem de uma identificação.

Sentimos identificação com um aspecto da nossa mente e acreditamos que somos esse aspecto. Alguém pode dizer: sou um homem, uma mulher, um professor, um advogado, conservador, liberal etc. E nós nos identificamos com essa autoimagem, esse traço da personalidade que criamos, normalmente como uma forma de defesa às dores e às experiências traumáticas que vivemos. Acreditamos que, dessa forma, não vamos sentir a dor.

Essa identificação, quando está no comando, tem uma determinada intenção – que nasce da personalidade, do ego. Para que possamos efetivamente ter respeito, precisamos ter identificação apenas com a nossa essência – aquilo que é verdade em nós, além de todas as criações mentais, também chamado de nosso eu autêntico.

É um mergulho na razão de viver, de existir, que um ser humano tem. O respeito acontece de maneira natural quando estamos conectados com nosso coração, que está sempre se importando, querendo cuidar, ajudar, fazer o seu melhor, o bem e o bom.

Infelizmente as diferentes identificações geram uma distância desse nosso verdadeiro ser, que é o nosso coração. Então, o caminho em direção ao respeito é para dentro, para eliminar as identificações que geram fantasias, que alimentam a imaginação, que criam falsas realidades mentais. É preciso caminhar com muita força de vontade para poder identificar, mas não se identificar com os aspectos da mente, da personalidade – e abrir espaço para que a conexão aconteça.

Se queremos de verdade nos tornar o respeito, precisamos simplesmente ser nós mesmos. O ser de cada um é amor, é cuidado, tem a natureza de se importar com o outro, de querer o bem. É uma simples questão de voltar para casa, de permitir que a nossa verdadeira natureza se manifeste.

Respeito, desejos e aversões

Desejar não é algo necessariamente ruim. O desejo traz junto consigo a vontade de mudança, do novo, de melhora. Desejar algo muitas vezes gera um movimento interno em busca de tornar esse algo realidade. Podemos ter desejos muito positivos – saúde, bons amigos, morar em um lugar gostoso. Esses desejos estão alinhados com uma intencionalidade positiva para nós mesmos e para o outro e com necessidades reais, com a realidade, com aquilo de que precisamos para viver bem neste mundo.

O grande problema é quando temos desejos negativos – ou seja, desejamos algo que não fará bem a nós e aos outros. Ou mesmo quando o desejo é positivo, mas se torna uma obsessão, um apego a um desfecho de determinada forma. Por exemplo: se deseja morar em um lugar gostoso, mas isso se torna uma obsessão e você passa a querer que a casa tenha tantos quartos, metros quadrados, seja de um jeito ou de outro – isso pode virar uma prisão, pois a mente e a atenção ficam encarceradas naquele desejo, naquela forma. Isso também fará com que sua energia fique presa – e você deixará de perceber e dar a importância adequada a outras coisas, pois toda a atenção e valorização está naquele desejo ao qual você se apegou.

O contrário funciona da mesma forma. Quando não queremos algo, ou seja, desejamos o oposto, isso por si só também não é ruim. Por exemplo: quando você não quer que as pessoas te desrespeitem, isso por si só é positivo. O problema é quando tem uma aversão, que também é um tipo de apego. É quando não admite aquilo em hipótese nenhuma. A existência daquilo pode te tirar do equilíbrio, do seu centro, da capacidade de tomar boas decisões, pois você está preso àquela repulsa. Com isso, será difícil olhar a realidade, as ações necessárias para gerar consequências positivas, já que está preso em uma aversão – o que cria um contexto em que é fácil acontecer o desrespeito.

É possível ver isso em todas as áreas da vida. Podemos identificar nossos desejos e aversões nos nossos relacionamentos, no trabalho, em relação ao nosso corpo, nas relações sociais e parentais. A aversão é a outra polaridade do desejo e esses dois elementos fazem com que olhemos para as coisas e as pessoas de forma enviesada, distorcida. E por que isso acontece? Porque estamos sempre buscando que aconteça o que queremos e rejeitando aquilo que não queremos. O ato de olharmos para os nossos desejos e aversões, ou seja, de tomarmos consciência deles, nos permite escolher não agir a partir dessas intencionalidades de "correr atrás" ou "fugir" de algo. Essa é uma forma de desconstruir aquilo que dá sustentação para o desrespeito.

Para sair disso, existem dois caminhos. O primeiro é tentar viver esse desejo para descobrir se ele é real ou não, ou seja, se você precisa disso para aprender algo importante e/ou se a sua felicidade realmente depende dele. O outro caminho é simplesmente parar de se identificar com esse desejo ou aversão, ou seja, perceber que você não depende dele, que ele não é você, é só fruto de um pensamento. Você olha com uma distância e abre mão. Isso te dá liberdade para poder entender a realidade e se importar, cuidar, considerar, ajudar a si e ao outro – ou seja, respeitar.

Respeito e intuição

Existe uma relação profunda entre respeito e intuição. Não é possível ter respeito apenas a partir de um entendimento cognitivo, pois um aspecto central do respeito, como já colocado, é a existência de uma intencionalidade positiva, que nasce do coração. E a intuição também nasce do coração. Ela é uma manifestação ou materialização da intencionalidade positiva, que nasce além da mente. Inclusive, às vezes, ela contraria a própria lógica da mente, da racionalidade.

Portanto, é fundamental, para que o respeito aconteça, que criemos um espaço dentro de nós para a manifestação da intuição, que é outro nome que damos para a voz do nosso ser, da nossa essência.

A intuição é o aspecto da nossa humanidade que nos reconecta com nós mesmos, com outro e com o todo. É o que permite a junção do respeito e do autorrespeito, de forma mais profunda, em nossas vidas.

11.
Respeito, injustiça e vitimização

"Não existem exceções para o respeito."

Um aspecto que atrapalha muito a nossa firmeza no respeito é o medo de ser passado para trás; e podemos nos deparar com isso cotidianamente quando, por exemplo, estamos no trânsito. Imagine uma situação: você está em uma fila de carros que vão entrar à esquerda e alguém ultrapassa pelo lado direito, entrando na frente de todo mundo que aguardava a vez. Isso naturalmente gera um sentimento de injustiça, o que é normal. Mas nossa tendência é a de, ao entender que isso foi injusto – e nesse caso com certeza foi – também não querer ser passado para trás; o que faz com que muita gente saia de sua posição e faça também o mesmo movimento injusto. Nesse caso, acontece uma conduta gregária na qual, ao ver alguém fazendo algo errado, você acha que também deve fazer, pois não quer ser feito de bobo.

Por trás disso existe um medo de ser enganado, de ser feito de tonto e de ser injustiçado; é um medo bastante presente. Já vi isso de forma clara em muitas pessoas, bem como também em mim mesmo muitas vezes. Esse medo, que pode ser identificado por meio dos pensamentos, tende a nos levar para um desrespeito, em que tomamos atitudes que pareceriam absurdas se estivéssemos com calma e clareza.

Mas, por que, então, tomamos essas atitudes? Por causa desses sentimentos que fazem com que nossa consciência seja rebaixada e a percepção fique negativamente alterada. Nossa atenção fica voltada para esses aspectos sinalizados pelo sofrimento, e não para aquilo que seria o melhor a ser feito. Isso é um ponto bastante forte e profundo, que exige muita atenção. É preciso que você faça um esforço para não ser tomado por esse sentimento; por algo negativo que obviamente vai gerar consequências negativas. Quando você consegue fazer esse esforço de não ser tomado pela raiva, injustiça e outros sentimentos que aparecem diante dessa realidade, você adquire a capacidade de observar tudo isso que passa por sua mente sem se identificar. Com isso, você evita reproduzir o desrespeito dos outros motivado por esses sentimentos negativos.

A resposta está onde focamos a nossa atenção. William James, psicólogo norte-americano, há mais de cem anos já falava que onde você colocar sua atenção, a sua ação vai. Otto Scharmer, professor do Massachusetts Institute of Technology (MIT) e criador da Teoria U, também fala a mesma coisa. Se colocamos a atenção em aspectos que priorizam o medo, esse mecanismo pode gerar o desrespeito. Não adianta só ter uma lista de comportamentos que seriam adequados e agir by the book; é preciso ter clareza do que te leva a esquecer os princípios do respeito, o cuidado com o outro, o cuidado consigo mesmo, a ética, o amor e a justiça – que entende que a injustiça cometida por um, não justifica a injustiça cometida por outro.

Entender isso profundamente te dá firmeza para conseguir ir além – mesmo com desafios e sentimentos negativos, que geram uma tendência a se comportar de maneira inadequada. Esse trabalho é o que permite que o respeito aconteça de maneira plena e presente em sua vida e na coletividade.

Respeito e vitimização

"A ânsia de sermos respeitados pode ser um grande obstáculo ao respeito."

O respeito está calcado na autorresponsabilidade. Se há vitimização, há desrespeito. Essa relação entre respeito, desrespeito e a vitimização apresenta uma série de delicadezas, pois pode haver diferentes perspectivas de acordo com o envolvimento de cada pessoa em uma mesma circunstância. Por exemplo, existe o olhar de quem testemunha o fato e de quem está na situação de vítima. Quando alguém sofre uma violência de qualquer natureza, como ser machucada, desrespeitada, a pessoa está em uma posição de vítima e está passando por uma experiência dolorosa que gera traumas e deixa marcas muitas vezes profundas.

Vitimizar-se diante das experiências pelas quais passamos, porém, é um ato de desrespeito consigo mesmo, uma vez que você se coloca como uma pessoa incapaz de lidar com os desafios que se apresentam.

E de que forma, na vida prática, as pessoas se vitimizam? Deixando-se tomar por uma sensação de que nada pode ser feito em relação a isso ou aquilo, e que a responsabilidade em nenhum grau é sua; inclusive a de ter que lidar com as consequências do que ocorreu. Isso é um desrespeito muito profundo e bem pouco compreendido.

Muitas vezes, esse vitimizar-se é usado para manipular e gerar reações nas pessoas como forma de conseguir algo dos outros, o que também é um desrespeito. Quando uma pessoa, em uma relação com outra, se coloca nesse lugar de vítima, ela está se desrespeitando e também desrespeitando esse alguém com quem se relaciona. Dessa forma, quando alguém se coloca como vítima da sociedade – incapaz de tomar qualquer decisão de mudança ante a situação na qual se encontra – essa pessoa também está desrespeitando a sociedade. Isso acontece porque deixa-se de perceber todas as outras variáveis envolvidas naquela situação.

Não se trata de não ter compaixão ou entendimento da dor que uma vítima sofre. O ponto é ter clareza sobre a diferença entre a vítima e o vitimizar-se (ou vitimização). A vítima é resultado de fato violento, de uma agressão (grosseira ou sutil) e deve sempre ser ajudada. Já a vitimização vem de um movimento no qual as intenções são alteradas e, aquilo que é um fato, é usado para se colocar na posição de obter algum ganho de outra pessoa, desrespeitando-a. Isso pode gerar a autoperpetuação dessas situações negativas. Muitas pessoas, em algum grau, se alimentam desse sentimento e se colocam em situação de vitimização, na qual se desempoderam. E o que fazem para compensar esse autodesempoderamento? Procuram tirar essa energia dos outros. Essa vitimização está diretamente ligada ao jogo de acusações, em que a pessoa se coloca como fruto de algo negativo gerado por outro e diante de uma circunstância de sofrimento na qual se percebe sem ter o que fazer para mudar o quadro em que se encontra. Só que isso é absolutamente falso.

É claro que um grau de dor (que pode ser bem grande) é inevitável quando se sofre uma violência, quando se é desrespeitado. Mas apenas um determinado grau, e naquele momento. Não é para sempre e muitas vezes não é na situação como um todo. Essa é uma questão bastante sutil, pois há uma tendência a entender que quando alguém sofre uma violência, está tudo acabado; não há nada a ser dito ou feito, pois se é uma vítima. Reforçando, pois esse entendimento é tênue e pode ser distorcido, não há qualquer demérito em ser uma vítima de uma situação. O problema é se colocar nessa situação para desrespeitar as outras pessoas e a si mesma.

E tem algo ainda mais delicado e sutil: também se desrespeita quando se alimenta a vítima do outro – e essa é uma linha bem tênue. Quando alimentamos a vítima do outro, essa pessoa é desempoderada e minamos sua capacidade de lidar com as próprias questões. É claro que isso não quer dizer que sejamos indiferentes às necessidades reais da pessoa naquele momento no qual ela não está tendo condições de lidar com determinados desafios. É preciso observar caso a caso, mas é necessária uma grande atenção para que o respeito possa de fato existir.

E como agir diferente? Por meio da autorresponsabilização, que é o contrário da vitimização. É quando você se coloca realmente como responsável por aquilo que lhe acontece, mas principalmente por aquilo que faz com o que lhe acontece. Assim, é importante entender que temos sempre opções – e a responsabilidade de escolher a opção adequada é sempre nossa. Seja qual for a circunstância, há sempre o caminho do respeito, em que estamos a serviço do nosso processo de evolução e crescimento como ser humano e buscamos nos afinar com os valores que apreciamos, em busca do amor e da paz.

A compreensão de tudo isso é necessária para que possamos efetivamente ter uma atuação respeitosa e não nos percamos no jogo da vitimização, que é o jogo de acusações. Esse jogo tira o nosso poder, nos faz infelizes e leva infelicidade aos outros; impede que sigamos a nossa evolução, desrespeitando o nosso ser.

Como lidar com a falta de respeito

É parte da experiência humana passar por privações, como o desrespeito. A questão é como lidamos e respondemos à experiência. As duas opções básicas são fechar o coração, agindo reativamente e/ou se amortecendo de várias formas para evitar sentir isso que dói tanto, como vinganças e vícios contra si e/ou o outro; ou manter-se aberto, tornando-se mais respeitoso, mais gentil. Isso está relacionado com o grau de amadurecimento e compreensão da vida.

Lidar com a falta de respeito exige presença – e, na verdade, todas as Sete Leis do Respeito. Porque, se por um lado, até por uma questão de autorrespeito, não devemos deixar que alguém nos desrespeite – aja com violência para conosco, faça algo que vai nos machucar e gerar consequências negativas –, também não podemos nos perder em querer que a pessoa seja do nosso jeito. É preciso pôr o limite necessário, com bom senso e equilíbrio, entendendo aquilo que é estritamente necessário para limitar uma atuação desrespeitosa.

Quando essa atuação desrespeitosa traz, efetivamente, consequências negativas, você pode (e deve) ter uma atitude limitadora para alguém. Você pode denunciar, acionar a Justiça ou estabelecer limites voltados à comunicação, por exemplo excluindo determinada pessoa de um grupo de WhatsApp, de uma determinada convivência. Para cada caso, há uma série de possibilidades, mas você precisa ter equilíbrio, olhando a proporcionalidade da reação frente àquela ação, e precisa estar muito firmado na intencionalidade positiva. O que vai fazer a diferença é a motivação, é a intenção sincera por trás desse seu ato. Porque quando alguém te desrespeita, ele também está se desrespeitando. Ele está gerando consequências negativas para si mesmo. Às vezes, isso não fica claro, parece muito distante, muito teórico, mas sempre que você faz algo negativo em direção a uma pessoa, também é afetado por isso. Assim é nesse mundo, ação e reação.

Então, é importante estar lastreado em uma intencionalidade de ajudar essa pessoa a ir além daquilo, a aprender com aquilo. Obviamente isso só é possível quando você tem um grau elevado de consciência e de intencionalidade positiva. Quando está efetivamente atuando para gerar o bem e o bom para todos, para que o respeito possa se estabelecer. Esse estágio vem já de uma compreensão razoável do respeito em relação a si mesmo para poder ajudar o outro, porque você não pode dar o que não tem. Isso exige atenção, para que você não se perca nesse caminho.

As sutilezas do ego são muitas e é fácil se perder nesse processo, como querer dizer que é melhor que o outro, querer mostrar que sabe – isso não é respeito. Mas buscar uma atuação sincera de ajudar o outro é muito necessário nesta vida.

Podemos fazer uma analogia com a educação de uma criança quando ela desrespeita. Quando queremos realmente ajudar aquela criança, o que vai fazer bem para ela? O que vai ajudá-la efetivamente a ter o aprendizado necessário para agir com respeito? Isso exige que você saia do papel de vítima e se coloque no papel de quem vai ajudar – o que, por sua vez, demanda maturidade, inteligência emocional, mas, mais do que tudo, inteligência espiritual, capacidade de perceber o sentido e a firmeza nos valores importantes nessa vida.

Às vezes, esse entendimento só chega depois de uma revolta ou de um primeiro momento de indignação, o que é normal dentro desse processo. Entretanto, é importante termos esse norte para lidar com o desrespeito de uma maneira positiva – o que vai trazer empoderamento, porque quando isso é feito de verdade, mostra o quanto o respeito traz um poder de se ficar em paz diante de qualquer situação, em tranquilidade mesmo quando alguém nos desrespeita.

PARTE 3
Respeito nas relações

12.
Respeito, pais e filhos/as

"Se eu fosse deixar apenas uma coisa para alguém, eu deixaria respeito."

O tema do respeito na relação entre pais e filhos é muito profundo. É na relação com os pais que muito da personalidade é moldada e muito do nosso ego é influenciado para o bem e para o mal, ou seja, é de onde vêm muitas das características que facilitam o crescimento e o desenvolvimento do respeito ou que nos atrapalham nesse caminho.

A relação entre pais e filhos, como toda relação, é de mão dupla, embora haja uma assimetria, ou seja, as partes não estão na mesma posição. Apesar de todos exercerem o poder da escolha, os pais — por terem mais consciência (pelo menos deveria ser assim) têm condições de influenciar muito mais a relação. E, consequentemente, são mais responsáveis por ela. Eles estão em um papel de liderança, têm mais experiência, conhecimento cognitivo e também a responsabilidade por - consciente ou inconscientemente - terem escolhido gerar aquela criança.

Parte dessa responsabilidade é a forma como esse filho será educado. Aqui, é importante compreender que respeito e educação se confundem. Educar tem origem etimológica nas palavras educare, educere, que é o ato de ajudar uma pessoa a trazer de dentro aquilo que tem de melhor. Essa é a educação com respeito que os pais podem oferecer a seus filhos: criar condições para que seu melhor se manifeste. Não há uma receita pronta, um jeito único, até porque cada criança é um universo, tem as suas características e peculiaridades.

Em minha caminhada, vejo que acertei e errei muito em relação ao respeito com meus filhos, já que tenho dois filhos hoje adultos. Também errei e acertei na minha relação, enquanto filho, com meus pais. É um aprendizado constante do que é manifestação do amor e do cuidado e do que é a imposição de valores e vieses de maneira autoritária. A seguir, vamos olhar para esse caminho na visão do respeito dos pais aos filhos e, em seguida, dos filhos em relação aos pais.

Respeito dos pais para com os filhos

Os pais têm o papel de conduzir a criança principalmente durante os seus primeiros anos de vida. Os estudos sobre autoconhecimento indicam que os primeiros sete anos de uma pessoa são muito importantes e impactam demais o restante da vida. Vão ser norteadores de hábitos e entendimentos, geradores ou não de crenças, feridas de abandono, exclusão. Então, o peso dos pais e a importância de que eles respeitem os filhos é talvez a maior de todas.

Um pai e uma mãe que respeitam devem estar focados em oferecer amor, atenção e cuidado. Uma criança até certa idade não tem a menor condição de prover o próprio sustento. Precisa que alguém a ampare, cuide dela, a limpe, a alimente, a proteja de perigos. Portanto, o respeito dos pais fica demonstrado no cuidado quanto à segurança e à manutenção da criança. Ao mesmo tempo, é preciso criar condições para que ela tenha autonomia, confie nos pais e também em si mesma e na vida.

É fundamental que os pais apresentem os valores a ser seguidos, valores positivos, que nos tornam humanos. A criança aprende muito mais vendo acontecer, com o exemplo dos pais, do que por sua capacidade cognitiva. Se há coerência entre o que é dito e o que é feito pelos pais, a criança se sente mais segura e confiante.

Os pais também devem ajudar a criança a treinar e se aprimorar em competências importantes para seu desenvolvimento, para que ela tenha uma boa relação com as outras pessoas, mas, antes de tudo, consigo mesma. Todas as competências psicoemocionais têm um peso muito grande, em termos de desenvolvimento. As atitudes como olhar nos olhos da criança e ouvir com atenção o que ela fala fazem toda a diferença.

Talvez o maior respeito, como já abordamos, em relação a outro ser, seja ajudá-lo a se manifestar em sua totalidade – permitir a espontaneidade da criança e, ao mesmo tempo, saber colocar poucos e importantes limites. Mas limites claros, que realmente têm um significado, um porquê – e que sejam oferecidos sem o uso de violência. Quando os próprios pais seguem os limites que dão para a criança, também demonstram respeito. Essa coerência reafirma a importância do próprio limite.

Quando necessário, é preciso dizer "não" para a criança, mas de maneira positiva, mostrando que esse "não" tem a intenção de ajudá-la, pois é, na verdade, um sim, para que ela não sofra depois. É um não que permite que a criança possa viver com mais segurança, com entendimento de que existem aspectos que podem lhe fazer mal. Para isso é fundamental responder a uma pergunta: "O que realmente a criança precisa obedecer?"; ou "Em que situações é realmente fundamental que cobremos dela disciplina?". O filósofo brasileiro Robert Srour fala que o difícil não é fazer o que é certo, é saber o que é o certo fazer. Só a conexão com a criança, com a realidade e com o próprio coração é que vai trazer esse entendimento do que é certo fazer.

A comunicação deve ser a base para se entender do que a criança precisa – e é fundamental que os pais entendam isso. Ter, de forma positiva, diálogo, clareza na comunicação, tom e altura de voz compatíveis – e criar uma comunicação de duas vias. Além disso, os pais precisam identificar as necessidades da criança, conforme sua faixa etária e personalidade.

Com esse foco e coerência, a criança aos poucos vai aceitar o limite e se sentir respeitada, pois entende a lógica das coisas e se sente cuidada. Mas, se você coloca limites exagerados, tolhe a liberdade e a espontaneidade da criança. Isso é desrespeito. Reconhecer os bons comportamentos e ajudar a criança a entender quando age certo ou errado é fundamental. Ao mesmo tempo, é importante acolhê-la quando comete uma falha, sem mostrar raiva e agir a partir da violência. Obviamente que os pais vão ter que desenvolver inteligência emocional, como também inteligência espiritual, para saber cuidar do propósito da criança, ajudando-a a caminhar e a evoluir no entendimento, seguindo o seu coração – que é outra forma de falar sobre propósito.

Isso tudo passa por uma comunicação positiva, amorosa. Todo julgamento, toda crítica destrutiva, toda imposição de rótulos é um ato de desrespeito. Frases como "eu te avisei", "você não sabe", "eu sei mais do que você", que colocam os pais em posição superior à criança, são desrespeitosas. Muitas vezes, você faz isso com ameaças, atos de violência física, verbal, corporal, acionando o medo. Isso precisa ser eliminado. Colocar-

-se no mesmo nível da criança, inclusive fisicamente (abaixando para se comunicar), demonstra equidade. O papel dos pais é ajudar a criança – e é importante ressaltar que isso não os torna melhores que a criança.

O desafio é maior quando se trata com adolescentes, quando os pais querem impor as suas vontades e os adolescentes já não aceitam mais. Quando os filhos chegam à adolescência, em geral já há muitas frustrações, sentimentos negativos acumulados, provocados por uma série de desrespeitos e por necessidades e mudanças (físicas, sociais, de referência etc.). Com isso, a aceitação de qualquer coisa que não seja entendida como justa fica muito mais difícil para o adolescente. Inclusive quando ele falha. Mas, se os pais não são perfeitos, como exigir perfeição dos filhos? Aceitar a humanidade dos filhos verdadeiramente, mostrando que os ama de qualquer forma, é papel fundamental dos pais.

Claro que existem momentos mais difíceis. Como lidar com explosões de emoções? É preciso ter equilíbrio para não aceitar um convite para brigar, ou seja, abrir mão da violência. Nem sempre é simples. Muitas vezes, escorregamos – e aí é preciso se perdoar. É preciso também, efetivamente, perdoar a criança. Não gerar culpa nela por ter agido errado, a partir da percepção dos pais. Não alimentar esse que é um dos sentimentos mais nocivos dentro da psique humana. É importante conversar sobre as emoções, a raiva, o medo. Estabelecer combinados de como agir diante de uma situação difícil.

O processo de reflexão constante, de observação e auto-observação, de conexão com o outro e com a sua intencionalidade positiva é que vai permitir se encontrar a melhor forma para respeitar. É humano os pais sentirem raiva dos filhos, embora nenhum pai, nenhuma mãe goste de sentir. Faz parte da natureza humana. Agora, uma coisa é sentir raiva, outra coisa é agir pela raiva. Ter coragem de olhar para isso vai permitir, aos poucos, que esses sentimentos sejam transformados e um espaço de paz seja encontrado, em que a ação pode nascer a partir do respeito. Essa é a busca de todos os pais conscientes: tratar seus filhos realmente com respeito, amor e dignidade. E isso exige um trabalho de autodesenvolvimento.

Ao mesmo tempo, os filhos são talvez os maiores professores que se pode encontrar nesta Terra, porque eles acionam tudo que há dentro de nós. E além das projeções – daquilo que nós não fomos ou realizamos, mas gostaríamos que nossos filhos fossem em nosso nome –, essa relação traz muita possibilidade de conhecimento sobre nós mesmos e de evolução para que possamos realmente respeitar aquele ser, o qual chamamos de filho ou filha.

Respeito dos filhos para com os pais

Como já colocado, a maior responsabilidade na relação dos pais com os filhos é dos pais, mas existe, sim, a responsabilidade dos filhos para com os pais. E essa responsabilidade aumenta conforme os filhos crescem, adquirem consciência, entendimento, capacidade de perceber e discernir o que acontece e passam a ter a escolha de se vincular ao bom, de querer se desenvolver de maneira positiva. Existem várias formas de trazer isso na prática.

Primeiro, é preciso buscar diálogo, abrir oportunidades para conversar com os pais, deixando clara a sua visão enquanto filho, filha. Deve defender a sua postura, a sua opinião; não simplesmente se calar para tentar agradar. Falar de uma forma verdadeira, aberta, mas falar com calma, com respeito, sem usar violência, sem ser tomado pela raiva. É humano ter raiva, todos nós a sentimos. E os pais acionam muita raiva porque também falham – isso gera frustração e dor, o que aciona a raiva. Se você agiu com raiva, basta reconhecer, pedir desculpas e seguir adiante para aprender, aos poucos, a não ficar preso nela.

Uma forma de direcionar essa raiva é por meio do diálogo. Conversando é possível mostrar as causas e transformar algumas atitudes dos pais. Abrir-se para a troca sem julgamentos é uma forma de demonstrar respeito e cuidado. Aos poucos, isso pode levar você a perdoar e a sentir gratidão, reconhecendo as coisas boas que seus pais fazem por você, mesmo com as falhas. Uma gratidão verdadeira.

É importante, nessa busca por respeito, perceber que há diferença nas perspectivas dos pais e dos filhos – e o fato de seu pai ou mãe pensar diferente de você não os torna errados. Se isso vale deles para você, também vale de você para eles. Todo esse processo pode levar você a valorizar mais a sabedoria (mesmo que não seja em tudo) dos seus pais. O entendimento que eles têm da vida, por já terem passado por muitas coisas, estudado muitas coisas. Abrir-se para o diálogo é abrir-se para ouvi-los de novo, para a percepção de que, no fundo, a intenção deles tende a ser a melhor. Além disso, se você nasceu filho ou filha desse pai e dessa mãe, alguma razão deve ter. No mínimo, você deve ter algumas coisas a aprender com eles.

Lembrar `do amor que eles têm por você pode ajudar muito, mesmo quando eles falham, inclusive em te amar. Isso não é tão simples, porque as emoções borbulham dentro de nós, mas às vezes nos ajudam a ir além, a ter inteligência emocional – que é poder superar emoções negativas, sem agir a partir delas. Como já dito (e estou repetindo, pois esse ponto é bem importante), ter raiva é humano, mas agir a partir da raiva é o que nos torna pessoas que desrespeitam o outro, nesse caso, os pais.

O exercício do diálogo nos leva a prestar mais atenção à forma como falamos com nossos pais, e às nossas atitudes, cuidando para nos fazer entender sem agir com violência. Isso demanda tempo de convívio, criando e aceitando oportunidades de estarem juntos. E vale também para adolescentes, que obviamente têm outros interesses, querem buscar suas referências junto a pessoas da mesma faixa etária. E isso não deve ser ignorado. Mas, ao mesmo tempo, é preciso encontrar também um equilíbrio, um tempo para poder estar com os pais – abrindo esse espaço para o diálogo, a conversa.

Uma atitude que muitas vezes prejudica a relação é apontar uma falha anterior e justificar tudo a partir dela. É verdade, os pais erram e deve-se apontar a falha deles. Mas ficar preso nisso, como se uma falha moldasse ou explicasse quem são seus pais, é uma visão limitada da realidade, equivocada, que gera falta de respeito. Do mesmo jeito que os pais amam os filhos e desejam o melhor para eles, os filhos amam os pais e lhes desejam o melhor. Isso vale mesmo quando uma parte ou outra escorrega e cai na falta de amor. Então, é preciso se conectar com isso, entender que aquele pai e aquela mãe também estão em desenvolvimento, da mesma forma que os filhos.

Claro que, se você é um filho ou uma filha e está lendo esse livro, é porque tem condições de ajudar a si mesmo e aos seus pais a criar um ambiente com mais respeito. Não é à toa que você está aqui, porque esse livro não foi feito para crianças, que não entendem o significado dessas palavras. Mas se você lê e consegue entender, tem condições de agir de maneira mais respeitosa para tornar melhor essa relação entre pais e filhos. Melhor para você, para os seus pais, para todos. O foco no respeito, a decisão interna de agir para promovê-lo, nos dá mais poder e nos facilita viver uma vida melhor.

Vale a pena!

13.
Respeito e o nascimento

"Respeito é atenção com a vida."

Como vimos na parte de autoconhecimento, nossos atos de desrespeito são uma resposta a traumas e dores, ou seja, a atos de desrespeito que nos infringiram. Algumas de nossas dores originais surgem até mesmo antes do nascimento, quando sentimos que a nossa gestação não foi desejada, ou de traumas ocorridos no momento do parto – como uma separação brusca da mãe que gera a sensação de desamparo –, falta de cuidado nos nossos primeiros meses – como uma amamentação deficiente ou falta de estímulo/atenção. Todos esses fatores causam um grande impacto em nós, pois acionam medos e criam um sistema de defesa, que fica impregnado na nossa personalidade, gerando comportamentos desrespeitosos. Portanto, se podemos cuidar melhor desse momento do nascimento de um ser, evitaremos muito sofrimento e desrespeito individual e coletivo.

Para escrever este capítulo, entrevistei especialistas e busquei informações sobre este momento tão especial. Entretanto, sugiro fortemente que toda pessoa interessada em se aprofundar no tema busque diretamente mais informações para ser capaz de tomar decisões conscientes no sentido de proporcionar um nascimento com respeito.

Os pais têm um papel fundamental nessa fase, mas, além de cuidar do bebê, precisam ser cuidados. O nascimento não pode ser visto como algo apenas de responsabilidade dos pais – embora sejam os principais responsáveis. O nascimento é um fato social e deve ser tratado com respeito pelo coletivo, por todos os envolvidos, direta ou indiretamente, nesse momento mágico de surgimento de uma nova vida que, inclusive, afeta a todos.

Para respeitarmos o nascimento, precisamos entender as suas quatro fases: 1) o momento da preconcepção e da concepção ou fecundação; 2) o tempo da gestação – que são os 9 meses ou menos desde a fecundação até o dia do parto; 3) o momento do parto em si – tudo o que acontece durante o momento de se dar à luz e as primeiras horas do bebê; e 4) o tempo que abarca os primeiros meses de vida do bebê (que pode ser pensado de 1 a 36 meses). Esse nascimento tem envolvimento da mãe, da criança, do pai (ou quem exerce este papel) e de uma rede de suporte.

Se respeito é cuidar e considerar, respeito no nascimento é olhar para cada uma dessas fases com entendimento para tomar as melhores decisões em prol do melhor nascimento, o menos traumático possível. Há aspectos que são inevitáveis, mas muitas vezes eles podem ser suavizados. Por exemplo: o tempo de espera para o corte do cordão umbilical; como a criança recebe os primeiros cuidados logo que nasce; se vai estar diretamente em contato pele a pele com a mãe. Existem também aspectos relacionados a expectativas que os pais têm em relação àquele ser que está chegando. Muitas vezes projetamos no/a filho/a aquilo que gostaríamos de ter ou aquilo que achamos que, se ele/a tiver, lhe trará mais felicidade. São apenas crenças e elas podem impactar negativamente. Um exemplo disso foi o relato que ouvi de uma mulher durante sua jornada de autoconhecimento. Ela se lembrou de sua festa de 1 ano de idade, em que a mãe penteou seu cabelo visando alisá-lo, pois queria que ela tivesse cabelo liso, e não crespo. Isso a marcou e trouxe a crença de que ela não era boa o suficiente para a mãe e para o mundo, algo revertido apenas depois de muito autoconhecimento. Uma crença da mãe (na verdade, um preconceito e uma visão distorcida da realidade) gerou uma crença na filha (inadequação).

O nascimento é uma fase muito emblemática, com um peso enorme na nossa formação, na geração de bloqueios (ou na falta deles) que irão nos acompanhar durante a vida. Está relacionada a quanto nós nos sentimos amados ou respeitados na nossa chegada à vida aqui na Terra, o que impacta diretamente nosso modo de agir em relação a nós mesmos e aos outros, já que, na inconsciência, quando não somos respeitados, não respeitamos.

Alguns autores, como Otto Rank e Freud, entendem que o nascimento é fonte do primeiro trauma humano, pois traz a separação da mãe, a saída do paraíso, que é o útero materno. Outros entendem que o trauma pode acontecer antes mesmo, na fase pré-natal. Alguns estudos têm investigado a relação entre o trauma no nascimento e suas possíveis repercussões na vida, como maiores dificuldades em socialização, criminalidade juvenil, comportamentos autodestrutivos, como se fossem causados danos à capacidade de amar e de se amar da pessoa. Isso pode abranger inclusive o período pré-natal, gerando agressividade e problemas psicológicos. Uma gestação com violência e desrespeito provavelmente produzirá pessoas violentas e desrespeitosas. Um nascimento sem violência e com respeito provavelmente produzirá pessoas mais pacíficas, amorosas e respeitosas. Claro que existem muitos outros fatores que interferem, mas aqui tratamos da semente, do início, da origem de tudo.

Neste livro abordamos uma forma de proporcionar um nascimento com respeito, que vai ajudar o ser que está chegando e as pessoas relacionadas a ele a viverem melhor, porque o respeito proporciona isso. Mas, se você já passou por essa experiência de nascimento, seja enquanto pai ou mãe, seja enquanto filho ou filha, e não teve ou não deu todo esse respeito, não se apegue a isso, nem com culpa, nem com raiva, porque, caso contrário, você está se desrespeitando e desrespeitando o outro. Nós só podemos escolher e agir a partir daquilo de que temos consciência. Se até então não havia essa consciência (seja sua ou dos seus pais), não tinha como ter sido feito diferente. No fundo, é o fato de você ter vivido as experiências que viveu (da forma como foram) que te possibilita, neste momento, compreender a importância deste tema, e buscar viver com mais respeito e autorrespeito.

É muito importante cada um honrar a sua história, compreendendo que tudo o que vem está a seu favor, inclusive as dores. Elas têm uma função, uma razão. Mas, a partir do momento que tomamos consciência dessa realidade, adquirimos também a responsabilidade de não reproduzir mais aquilo que agora percebemos como negativo e que gera dor. Esse é um ato de amor e de respeito com o outro, mas também conosco, pois, quando fazemos diferente, ressignificamos a nossa história; somos capazes de aprender de verdade, de utilizar essa lição para evoluir, que é o que nos permite encontrar esse estado de maior consciência, paz, amor e respeito.

O nascimento é também uma experiência espiritual

Independentemente das crenças e da fé dos pais, o nascimento é também uma experiência espiritual, pois traz reflexões relacionadas ao significado da vida em geral e daquela vida em particular. Por que será que aquele ser nasceu daqueles pais? Qual a razão disso? Qual o sentido do papel dos pais? Por que, além dos aspectos materiais e físicos, esse nascimento aconteceu nesse momento, lugar e família, e como ele afeta o sentido de vida de todos os envolvidos?

É muito interessante perceber que o desrespeito com o nascimento é uma força contrária ao fluxo natural da vida; é uma oposição à própria vida. Essa oposição se dá também por meio de uma limitação da espontaneidade e da naturalidade dos envolvidos – ou seja, uma repressão, que tira a liberdade da mãe e da criança e incute padrões e condicionamentos muito profundos, que provavelmente farão com que aquele ser fique preso a uma teia de condicionamentos e impedirão que ele se manifeste como é, sendo autêntico e espontâneo. Aqui temos a origem da infelicidade e do desrespeito, porque esse ser condicionado não vai poder ser feliz sem manifestar quem é, já que foi isso que aprendeu na sua chegada à Terra. Isso significa impedir a principal manifestação do respeito, como já trouxemos algumas vezes, que é permitir que o nosso ser se manifeste. Como estamos condicionados, não temos a capacidade e nem a consciência de perceber que fazemos isso devido a uma programação que recebemos no nosso nascimento.

Depois que passamos por uma experiência como essa, o nosso caminho é nos descondicionar e desidentificar. É verdade também que o nascimento traz grandes desafios para os pais, pois muitas vezes eles são levados a reviverem o seu próprio nascimento, sendo, ao mesmo tempo, uma grande oportunidade de transformação. Ressignificar o seu nascimento é uma forma de estar mais preparado para lidar com o nascimento de um/a filho/a. Assim podemos dar o nosso melhor e respeitar.

Benefícios e fases de um nascimento respeitoso

São muitos os impactos positivos de um real cuidado com o parto, tanto para a mãe como para a criança, pois, entre outros, permite: mais acolhimento e menos estresse físico e emocional para todos; o contato pele a pele, que cria vínculo e dá conforto; o respeito ao tempo que aquele momento e os participantes pedem (como as duas horas de ouro após o parto); o corte do cordão umbilical na hora certa (aguardando toda a transfusão) e de forma suave; a diminuição do uso de medicamentos (principalmente a analgesia) envolvidos no processo, do risco de complicações (físicas e emocionais) e do tempo de recuperação; o estímulo ao sistema imunológico natural; e a ausência ou diminuição de traumas, que repercutirão por toda a vida de ambos.

Para isso, é fundamental garantir: 1) o protagonismo da mãe; 2) uma equipe transdisciplinar – de áreas diferentes trabalhando conjuntamente – e bem alinhada com o desejo da mãe; e 3) o uso de informação e conhecimento adequados.

Nesse sentido, a Organização Mundial de Saúde (OMS) oferece diversas recomendações, baseadas em evidências, sobre quais cuidados são necessários durante o trabalho de parto e pós-parto imediato para a mulher e seu bebê. Entre elas, estão a escolha de um acompanhante durante o trabalho de parto e o nascimento; garantia de cuidados respeitosos e boa comunicação entre a mãe e a equipe de saúde; manutenção da privacidade e da confidencialidade; liberdade para que a mãe tome decisões sobre o manejo da dor, posições para o trabalho de parto e o nascimento, entre outros.

Esses cuidados e respeito ao tempo e à forma se refletem, entre outras coisas, na forma da pesagem, no tempo para a amamentação e contato pele a pele, e nos exames do recém-nascido (por exemplo, se são feitos no colo da mãe ou após ele mamar e se acalmar).

Abaixo temos um detalhamento das quatro fases ou momentos que envolvem o nascimento e merecem todo o nosso entendimento e respeito.

1. Preconcepção e Concepção

É importante que o corpo físico e mental da mãe esteja bem e equilibrado, pois assim a concepção acontecerá em um campo preparado, fértil para receber esse ser da melhor forma possível. Por exemplo, ao planejar uma gravidez, a futura mãe deve avaliar o seu estilo de vida e hábitos, adotando alguns – como uma alimentação balanceada, com os nutrientes necessários, rotina de exercícios físicos, exercícios específicos (como os que trabalham o períneo e a respiração), preparo mental (treino da atenção, gestão das emoções etc.) –, e abandonando outros – como fumar, ingerir bebidas e alimentos não saudáveis etc.

Se a concepção acontece em um ato sexual consciente, em que existe amor e respeito, isso cria um espaço positivo, fruto de uma intenção e consciência positivas. Se, por exemplo, a concepção vem de um estado de embriaguez, de inconsciência, essa realidade deverá impactar o ser, pois foi nesse contexto que se deu a sua concepção.

O psiquiatra inglês Frank Lake fala de diferentes estados emocionais (e de espera da criança) dos pais durante a preconcepção e a concepção, bem como as respectivas respostas da criança no útero e no nascimento, que impactarão a sua vida posteriormente. De forma direta, quanto mais os pais estão bem, não estão estressados, o ato sexual foi de amor apaixonado e há um verdadeiro foco em querer um bebê, melhor será a resposta da criança e os impactos na sua vida adulta. Quanto menor for a vontade (de ter a criança e pela dificuldade na relação entre eles), como quando há raiva, falta de desejo de conceber uma criança, e sentimentos ruins e amargos – possivelmente provocados por raiva, bebedeira, violência etc. – mais isso causará um impacto e recusa da criança em viver bem ou de se deixar ser amada, gerando raiva e dor durante toda a sua vida.

2. Gestação

Durante a gestação, a criança experiencia sua primeira escola, que é o útero, onde ela vai sentir e aprender por meio da mãe e do ambiente por onde passar. A partir de determinado número de semanas, o bebê escuta e, de alguma forma, registra o que é dito (o significado). Um cuidado é não o expor a lugares onde existe sofrimento e muito barulhentos.

Para que esse aprendizado do bebê seja positivo, a mãe precisa estar consciente e ser muito bem cuidada. O pai, parceiro/a ou acompanhante (incluindo aqui o/a cônjuge de casais não binários) tem um papel de guardião, de proteção. A sociedade e as empresas também precisam compreender que uma mulher gestante precisa ser cuidada e protegida.

A mãe deve buscar sempre um equilíbrio e bem-estar, respeitando a sabedoria do seu corpo (o que pede por mais conexão), fazendo um pré-natal muito bem-feito, e recebendo suporte da família e da equipe que a acompanha.

É importante identificar todos os medos e crenças que a mãe tem sobre o momento do nascimento, para trazer compreensão e até dissolver possíveis marcas. A lembrança de que existe uma perfeição da natureza se faz necessária, pois o corpo biológico da mulher foi feito para dar à luz. Há uma sabedoria intrínseca do corpo humano que precisa ser acessada e entendida.

Por exemplo, marcar um dia para se ter o parto é algo antinatural, exceto se houver uma razão médica para isso, a partir de um risco considerável. A questão do risco (do que aceitam) é um ponto a ser avaliado pelo casal, com o cuidado de não se deixar levar pelo medo.

Uma cesariana, quando realmente necessária (conforme as indicações existentes para este tipo de cirurgia de grande porte), também pode ser feita de uma forma humanizada, com respeito. É essencial que os pais conheçam bem os diferentes tipos de parto, conscientes da realidade e evitando mitos e preconceitos.

3. Parto

É preciso respeitar o tempo da natureza, que é quando o corpo da mãe está pronto para o parto, de forma orgânica. O evento do parto exige cuidado, e não controle. A equipe dá suporte e liberdade, ficando atenta para os sinais emitidos pela mãe e pelo bebê para, caso necessário, tomar as devidas providências. Nesse caso, menos é mais, ou seja, o objetivo é ter o mínimo de intervenções possível.

A mãe deve ter autonomia sobre o seu corpo nesse momento, porque é algo muito natural e instintivo. Precisa encontrar conforto e suporte na hora do parto e deve ter avaliado previamente onde e com quem quer que este parto aconteça.

O tipo de parto, fora alguma necessidade real médica, é uma escolha da mãe, que deve ser profundamente respeitada em tudo (na posição que quiser ficar, quem fica com ela, como fica, se vai tomar analgesia, falar e se expressar da forma como quiser etc.). Um exemplo sutil de falta de cuidado é quando a mãe está tensa e alguém diz: você tem que relaxar. Isso provavelmente não vai acontecer, porque se ela tem que fazer algo, existe uma cobrança, uma tensão, e aí fica mais difícil relaxar. Existem formas mais carinhosas e efetivas de ajudar neste relaxamento.

Tudo precisa ser muito bem conversado antes com a equipe médica e com o local do parto, para na hora não ter qualquer discussão, problema ou tensão. Tem que ser um momento de alegria, de paz, de muito amor e respeito por todos os atores. Obviamente que se houver alguma intercorrência, deve haver a atuação da equipe médica, mas, sempre que possível, com as intervenções informadas e consentidas.

O pai, parceiro/a ou acompanhante (incluindo o/a conjuge em casais não binários) também merece e precisa ser respeitado. Ele deve estar junto, exceto se a mãe não quiser (o que pode acontecer).

No nascimento, o bebê respira pela primeira vez e sente dor ao encher os pulmões de ar. Ele vai reclamar e se expressar chorando. Todo carinho e respeito é fundamental nessa hora. O colo da mãe e o contato com sua pele ajudam o bebê a se acalmar. Deve-se respeitar o tempo do bebê, sem forçá-lo a nada (exceto em intercorrências). Um ambiente sem luzes fortes e aquecido deve ser providenciado, dando-lhe as boas-vindas. O médico francês Frédérick Leboyer fala da importância das duas primeiras horas de vida do bebê (o que ele chama de duas horas de ouro), em que ele deve ser totalmente respeitado nas suas necessidades. E que isso vai impactá-lo para o resto da vida. Assim, evitar ao máximo a separação da mãe e do bebê é recomendado.

Importante conversar e definir antes do parto sobre quando se dará o corte do cordão umbilical, o teste do pezinho, entre outros cuidados necessários.

Por último, deve-se dar suporte (criar condições) para que a mãe, o/a parceiro/a e o bebê possam descansar após tanta emoção.

4. Primeiros meses

A relação simbiótica do bebê com a mãe traz a importância ainda maior de ela ser cuidada, para que esteja em equilíbrio e resguardada de estímulos negativos que alterarem suas vibrações (física, mental e espiritualmente).

A amamentação e o colostro são essenciais para o bebê, tendo um importante papel no seu sistema imunológico.

Mais do que nunca, é de vital importância um suporte adequado à mãe, na recuperação, no resguardo e no cuidado com o bebê. O pai, parceiro/a ou acompanhante e toda a equipe de suporte tem um papel fundamental nesse período.

Existem alguns períodos após o nascimento que possuem determinados focos de cuidados: de 0 a 7 dias (até a queda do cordão umbilical); de 10 a 40 dias; 3, 6 e 9 meses; 1, 2 e 3 anos. A cada período desse normalmente temos alguma necessidade e foco de atenção prioritário, em que a mãe deveria ter condições de estar o mais disponível possível para a criança.

E o papel do pai, parceiro/a e/ou acompanhante?

Existe um importante papel do pai, parceiro/a ou da pessoa que vai acompanhar a mãe e o bebê em todo esse processo de nascimento – já que hoje temos diferentes configurações em um casal que vai receber um ser, e não necessariamente apenas um homem e uma mulher. Esse pai, parceiro/a ou acompanhante precisa compreender profundamente que esse é o momento de dar todo suporte para a mãe e o bebê. É o momento de respeitar esse aspecto da natureza, que tem no corpo da mãe a manifestação do surgimento de uma vida. Precisa dar suporte para que esse corpo físico, mental e emocional tenha conforto, se sinta aceito, respeitado e suportado para lidar com todas as alterações fisiológicas, psicológicas e emocionais que o momento traz.

Pode parecer um papel secundário, mas isso é um ledo engano. Independentemente do gênero do parceiro/a ou acompanhante, é muito importante que as forças masculinas e femininas estejam em harmonia e presentes, para poderem trazer a esse ser um ambiente de união. Um ambiente que vai facilitar que na sua trajetória de vida ele possa atingir esse estado de união interna, recebendo uma referência positiva externa.

Para ser capaz de dar esse suporte, o pai, parceiro/a ou acompanhante vai ter que se trabalhar (principalmente emocional e psicologicamente) e estar em equilíbrio, pois, como muitas vezes apontado neste livro, só damos o que temos. Assim, é preciso que se tenha consciência e responsabilidade em se colocar nesse papel. A sua atuação vai fazer toda a diferença para que o nascimento aconteça baseado no respeito.

Reflexões sobre o respeito no nascimento

Em resumo, podemos dizer que tudo é uma questão de respeito ao natural e à conexão. Quando há desrespeito, gera-se uma falta de confiança na vida, no mundo e em nós. Não conseguimos relaxar, pois sempre nos sentimos ameaçados, precisando nos defender, usando a violência e o desrespeito e gerando um círculo vicioso.

Em uma sociedade onde existe um desrespeito estrutural, ao pensarmos sobre o respeito e o nascimento, temos muitas perguntas sem respostas. Por exemplo, como fazer com a necessidade da criança de estar com a mãe nos primeiros anos e toda essa demanda por trabalho que se coloca na mãe? Tudo aquilo que é antinatural é desrespeitoso. Se a natureza pede por essa proximidade e a estrutura da nossa sociedade cria outra forma, que praticamente obriga a mãe a trabalhar para pagar as contas, como fica o respeito ao natural e à necessidade da criança? Isso não significa que a mãe não possa trabalhar nesse período, quando deseja, mas podemos criar melhores condições para essa escolha.

Um nascimento com todos os cuidados acima, com respeito, principalmente em relação ao parto, pode gerar um desafio dentro de um Sistema de Saúde estabelecido, que tem no custo uma diretriz importante para suas decisões. Entretanto, no longo prazo, o custo de um nascimento traumático é infinitamente maior para esse mesmo sistema. Essa é uma questão complexa que precisa ser bem estudada para que tornemos possível um nascimento mais humanizado.

Que esse cuidado com o nascimento não fique restrito e disponível apenas a quem tem um alto poder aquisitivo. Existem hoje serviços que seguem essa filosofia, inclusive no SUS, embora seja algo de bem menor abrangência.

Respeitar o nascimento é se respeitar. Talvez seja o melhor remédio para a revolução necessária e a base para transformarmos o desrespeito estrutural vigente.

14.
Respeito na educação – professor e aluno

"Estamos matriculados na disciplina do respeito."

A educação é um dos aspectos mais importantes da vida, pois ela influencia a forma como vemos e agimos no mundo – ou seja, é base para tudo. É por meio dela que conseguimos gerar pessoas conscientes, que se conectam com o seu melhor, entendem as coisas, têm capacidade de refletir, escolher positivamente e ajudar, porque possuem um conhecimento vivo. A educação é fundamental para que o respeito exista, para que possamos entender e cumprir as Sete Leis do Respeito.

O primeiro ambiente em que a educação acontece é o lugar onde nascemos, nossa casa, através dos nossos pais, familiares e pessoas que convivem naquele espaço. A criança aprende muito com o exemplo. Ela também tem um entendimento cognitivo, mas ele é bem menor – o principal é o que ela sente e vê. Assim, é fundamental que os pais tratem de maneira séria a educação, sem colocar esse tema apenas na esfera da escola. É por meio do convívio e das relações que serão apontadas direções de como agir e não agir, que serão confirmados por sentimentos – pois, como já foi dito, a educação é uma compreensão que vem muito mais do exemplo do que da cognição. Toda compreensão é uma junção da cognição com a emoção, que se manifesta a partir das situações vividas – e é dessa forma que começamos a nos educar.

Por exemplo, quando há uma superproteção das crianças em relação aos professores (os filhos estão sempre certos e os professores errados), uma permissividade excessiva (os filhos podem fazer qualquer coisa, mesmo que desrespeitem) e/ou os pais dão exemplos ruins, desrespeitando (um ao outro, o vizinho, os filhos, falando mal dos professores etc.) esses aspectos impactam negativamente em diversos campos, como na convivência do aluno com o professor e com os outros alunos, no ambiente escolar. Isso porque a criança experienciou uma forma desrespeitosa e "foi educada assim". Por isso, é fundamental que os pais estejam atentos ao respeito em suas ações, palavras e seus exemplos.

Outro ambiente com grande influência na educação são as instituições estruturadas para isso, como a creche, a escola, a universidade. São esses centros que também vão promover a educação, pois são estruturas que geram um espaço específico para que as crianças, os jovens e os adultos possam conviver e aprender. É fundamental que esses espaços ofereçam, de verdade, muitos bons exemplos nos quais o respeito pode ser percebido. Começa com o respeito pelo professor, que é o canal condutor dessa educação, dos ensinamentos. É quem vai estar mais próximo do aluno e impactar bastante em sua formação. Os professores têm que ter uma forte base em respeito, entender o que é e como se traduz na prática, em ações. Precisam ter intencionalidade positiva e todos os outros elementos abordados neste livro. E, por terem mais condições que os alunos, já que, de maneira geral, viveram, refletiram e estudaram mais, têm este papel e responsabilidade de cuidar da educação. Isso não exime a responsabilidade dos alunos no processo, mas reforça que ela é majoritariamente dos professores. Então, pais, alunos e professores devem se afinar com as Sete Leis do Respeito para fazer da educação o caminho para uma vida melhor para todos.

Este capítulo tem a intenção de trazer uma primeira reflexão sobre respeito e educação, principalmente na relação professor-aluno, para que possamos encontrar maneiras de entender como fazer uma transformação positiva na sociedade, para que o desenvolvimento aconteça de maneira harmônica e positiva para todos. Ou seja: como, efetivamente, as características do respeito podem ser vivenciadas dentro de uma instituição, a partir da principal relação, que se dá entre professor e aluno. Essa transformação da sociedade não acontecerá se fizermos tudo da mesma forma que fizemos até hoje. É pela real educação que será possível uma efetiva mudança, que deve estar lastreada em valores humanos, como o respeito.

Educação = trazer de dentro

Como já vimos anteriormente, a palavra educação vem do latim educare ou de seu cognato educere, que contém diversas possibilidades de significado. Uma delas está relacionada a extrair de dentro, a fazer nascer algo que está em estado latente, a promover o surgimento de dentro para fora de todas as potencialidades que temos.

A educação deve estar voltada a criar condições para que possamos trazer à tona e desenvolver o melhor que temos internamente e descobrir capacidades até então desconhecidas. Educação não é simplesmente formatar a pessoa em um determinado modelo, considerado o correto e único, pois isso nega as potencialidades e a diversidade do ser humano. Isso acontece porque, quando somos formatados, perdemos a conexão conosco mesmos, o brilho da nossa singularidade. No caso da criança, a energia dela se volta a atender esse padrão em vez de buscar sua conexão mais profunda.

Conhecimento é importante, mas deve vir acompanhado de atitude e significado, ou seja, de um direcionamento positivo do seu uso e razão de existir, tendo como foco a verdadeira felicidade do aluno, do professor e de todos. Isso não é qualquer coisa, pois significa que o exemplo/atitude e o direcionamento/sentido, incluindo aqui a real intenção de quem transmite esse conhecimento, tem grande peso e importância. A educação tem como uma de suas fases iniciais a percepção, que depende de interesse – o aluno só vai perceber alguma coisa se tiver interesse naquilo. Aqui encontramos o peso das atitudes e das intencionalidades do professor, fundamentais para estabelecer uma conexão com o aluno e gerar um interesse que fará com que ele abra uma porta interna para receber e reconhecer nele aquele conhecimento.

Ao mesmo tempo, como equilibrar esse exemplo e direcionamento com o respeito à individualidade do aluno? Como lidar com os conflitos entre professores e alunos? Não é uma tarefa simples, e a resposta virá de um equilíbrio entre razão e emoção e de uma sabedoria interna. Neste sentido, e como forma de encontrar o caminho do meio, todo projeto educacional deve trazer junto um trabalho de atenção, auto-observação e autoconhecimento. Talvez a escassez desse trabalho ajude a explicar a grande crise de falta de significado que vivemos hoje. Muitas pessoas não sabem por que e para que vivem. A educação, dependendo do seu direcionamento, pode tanto ajudar a resolver quanto acentuar essa crise.

Assim, professores, diretores, coordenadores pedagógicos, equipe, proprietários de escolas e universidades, enfim, todas as pessoas envolvidas na área de educação, deveriam passar por um profundo trabalho interno de autoconhecimento. Esse caminho de reverter uma visão baseada apenas no conhecimento já começa a ser trilhado por algumas escolas que levam a sério a introdução de matérias e ferramentas socioemocionais, mas ainda há muito o que fazer. Já existem experiências com muito bons resultados, inclusive com o suporte de treino da atenção plena. Um exemplo bem documentado pode ser visto na escola Visitacion Valley, em São Francisco, EUA, que tinha vários problemas, como de indisciplina e atenção dos alunos, agravados por seu entorno – drogas, violência, gangues etc. Em 2007, um programa de meditação foi implementado para enfrentar alguns desses desafios. Mesmo com certa desconfiança no início, apenas um mês depois de instalado os professores perceberam mudanças de comportamento. No primeiro ano, as suspensões de alunos caíram 45%. O nível de aproveitamento das aulas aumentou, bem como a performance dos alunos. Outro importante indicador foi que, alguns anos depois, os alunos da escola, conforme um levantamento, eram os mais felizes em toda a cidade de São Francisco.

Existem várias pesquisas que demonstram que, quando se aplicam programas de mindfulness em escolas, um dos resultados é a diminuição de bullying. Isso é muito importante, pois se a criança ou o jovem vive sob situação de estresse, desrespeito e medo – que é o caso daqueles que sofrem e até mesmo dos que praticam o bullying, pois essa pessoa normalmente age de forma reativa a algum episódio vivido anteriormente de desrespeito – não há como colocar sua atenção no estudo, o que gera a perda de absorção do conteúdo, além, é claro, de muito sofrimento.

Fazer um simples minuto de silêncio, por exemplo, antes de começar uma aula, pode quebrar o comportamento automático e os pensamentos compulsivos de professor e alunos, ampliar a percepção de cada um sobre si mesmo e trazer abertura para aquilo que será ministrado e apreendido.

Se educação é trazer de dentro, é despertar o conhecimento, fazendo com que haja uma conexão interna, para que a pessoa possa relembrar e compreender algo de maneira mais profunda, essa lógica com certeza se aplica também ao próprio desenvolvimento do respeito, que deve ser incentivado pela conexão com o nosso ser, a nossa essência – que é o próprio respeito. Então, quando um professor estimula um aluno a viver o respeito, faz essa reconexão com algo que vem de dentro, um conhecimento que o aluno já tem, mas do qual pode ter se distraído e esquecido. Claro que, para poder despertar isso no aluno, antes o professor tem que ter despertado isso em algum grau em si mesmo.

Conjugação do verbo respeitar

Uma inspiração para introjetarmos o entendimento sobre respeito é fazermos uma nova conjugação do verbo respeitar. É conjugar e procurar compreender o seu significado. Como o respeito só acontece agora, e este é o momento de atuar, a sua conjugação foi pensada apenas no tempo presente.

Eu me respeito.
Eu te respeito.
Tu te respeitas.
Tu me respeitas.
Ele se respeita.
Ele me respeita.
Nós nos respeitamos.
Nós respeitamos.
Vós vos respeitais.
Vós respeitais.
Eles se respeitam.
Eles respeitam.

Minha experiência

Eu tenho vivido, enquanto professor, a experiência de que o respeito faz toda diferença. Há mais de 30 anos ministrando aulas, sendo a maior parte delas – desde 2001 – como professor de disciplinas nos MBAs da Fundação Getúlio Vargas, vejo como o respeito gera uma percepção de igualdade e abertura com os alunos. A igualdade proporciona a abertura de um canal com o aluno, pois ele percebe quando o professor o respeita. Assim, ele não precisa se defender, acalmando a mente, que não fica presa em imaginações, em elocubrações de que algo vai acontecer porque aquela pessoa (professor) à sua frente tem mais poder e pode lhe fazer mal. Ou seja, uma relação respeitosa, que se inicia com a atitude do professor, permite que a mente do aluno esteja mais tranquila para que haja espaço para ele receber aquilo que o professor tem a oferecer.

Um aspecto fundamental para que a educação aconteça com respeito – e o professor precisa acreditar e passar sempre essa mensagem – é que seja lembrado ao aluno por que nós vamos a uma instituição de ensino, qual o motivo de estarmos lá. Quase sempre isso é colocado de uma maneira distorcida, em que o foco é uma obrigação, uma necessidade de sobrevivência. "Você tem que fazer isso, tem que estudar. Se você não estudar, não vai ser ninguém, não vai ganhar dinheiro." Direta ou indiretamente, a ideia que se passa é a de que a educação formal, o estudo, advém de uma necessidade de sobrevivência – e não que seja algo que vai trazer um aprendizado, uma evolução. Essa é uma ideia equivocada. É preciso uma transformação efetiva disso, trazendo o entendimento, a prática e a comunicação de que a educação formal, o ensino em uma instituição estruturada, tem como objetivo respeitar e ajudar o ser daquele aluno a se manifestar, criando condições para que o seu melhor possa vir para fora e para ele possa atuar a partir disso.

A educação é importante não porque a criança precisa comer, mas porque ela precisa viver. Viver de verdade – e não sobreviver. Não se trata de uma questão poética, é uma questão essencial para que a vida tenha sentido e o respeito possa acontecer em todas as esferas.

Respeito, educação e o papel do professor

Na relação professor-aluno, como vimos, a maior responsabilidade é do professor, incluindo o seu poder de influência devido à sua posição. Para criar um ambiente em que o respeito possa efetivamente acontecer, há várias questões que precisam ser vistas pelo professor, que exigem dele uma preparação prévia relacionada ao "o quê", "como" e "por quê" vai ser ensinado.

Tudo começa com a conexão do professor. Ele precisa ter uma conexão verdadeira com a vontade de ensinar, compreendendo sua sacralidade e importância. Ele precisa encontrar ou resgatar sua paixão por ensinar, que será a base de sustentação para todos os outros movimentos, pois, a partir dessa conexão, ele terá um propósito claro do que exatamente está fazendo lá. Se, por exemplo, o professor vai dar aula apenas por uma questão de sobrevivência, pensando na conta que precisa ser paga por ele no final do mês, ele não vai conseguir gerar a conexão necessária com os alunos. É claro que um professor precisa ganhar o necessário para pagar suas contas, mas quando isso assume a razão de lecionar, a conexão é dificultada.

Essa conexão com o seu propósito é o primeiro passo, que tem a ver com a primeira Lei do Respeito. A partir desse entendimento, vem a responsabilidade. O professor precisa se autorresponsabilizar pelo que está fazendo, trazendo integridade e coerência para suas ações, criando uma forma de ensinar que seja respeitosa. O aluno certamente vai perceber isso, pois uma das coisas que mais saltam aos olhos de crianças ou adolescentes é justamente a incoerência.

Eles são muito ávidos, inclusive buscando evidenciar a incoerência percebida – às vezes até como uma forma de justificar certas vontades. Então, é muito importante que o professor tenha essa avaliação de si mesmo, ou seja, que se conheça. Se não tiver autoconhecimento, ele não terá condições de entender onde falha em sua autorresponsabilidade, onde não é coerente e até onde age com violência. Para isso, é importante que ele investigue sua história e possa compreender em que experiências negativas ainda está preso, como foi "educado", ou seja, moldado, e como funciona o seu sistema de crenças. Isso é muito importante para não repetir o mesmo erro com o aluno. Professores e instituições precisam ter esse cuidado de não querer que o aluno se enquadre em suas expectativas, pois isso vai levar a criança ou o adolescente a mentir e usar uma máscara, porque sentirá que não pode ser ele mesmo. O aluno, numa situação como essa, se sente obrigado a agir de determinada forma por conta de um sistema de ameaça e punição, ou seja, movido por medo e raiva – e, agindo dessa forma, irá criar um sistema de crenças a partir daquilo que aprendeu na instituição e/ou com o professor. Isso vai alimentar um sentimento de injustiça na criança, gerando uma série de consequências negativas em sua vida, pois essa sensação de injustiça tende a inibir a sua espontaneidade, criando venenos emocionais e dificuldades de relacionamento no futuro.

Se, por um lado, é fundamental que um professor dê referências claras e positivas para oferecer um caminho de aprendizagem ao aluno, por outro é preciso abrir espaço para sua espontaneidade e expressão genuína. Um valor que contribui para esse movimento é a gentileza. O professor consegue abrir esse espaço quando o caminho oferecido vem com gentileza, de um coração aberto, de uma intencionalidade e ação positivas, sem ameaças de que o aluno, se for como é, não seja aceito. Por exemplo, é muito comum o professor ser gentil, estar de coração aberto e cuidar do aluno quando ele cumpre com as tarefas propostas e fechar o coração quando o aluno não as cumpre. Não é simples manter o coração aberto, mas é um sinal de respeito, um entendimento de que o aluno tem um tanto para dar e, do mesmo jeito que o professor não é perfeito, o aluno também não é. E é muito importante, inclusive, que o professor não queira ser perfeito, não crie idealizações. Ele deve, sim, dar o seu melhor e buscar sempre evoluir, mas sem a fantasia da perfeição: se caiu, levante-se e siga em frente! Inclusive, dar esse exemplo para o aluno, de que é assim que funciona, que aprendemos inclusive errando, é muito positivo – pois nada ensina tanto quanto um erro. É trazer humildade, gentileza e cuidado para a relação com o aluno, o que implica em abrir mão de uma pseudo-educação baseada na perfeição, ameaça e punição. Isso não significa deixar de cobrar ou dar limites, mas a motivação e a forma de fazê-lo seguem esses valores positivos.

Afinar-se com o respeito, nesse caso, exige que, além de o professor se conhecer, ele acredite no potencial do aluno e dê espaço para que esse potencial possa se tornar algo efetivo, saindo do latente para se tornar uma realidade.

Então, como vimos acima, junto com a autorresponsabilidade e a integridade, o professor também precisa ter gentileza. Jamais levantar a voz, impor autoridade no grito, usar palavrões. Claro que cada um tem um estilo de ensinar. Alguns são mais formais, outros mais informais e isso deve ser respeitado, pois é o que dá o nosso tempero. É fundamental que possa ser preservada essa espontaneidade, que também tem a ver com uma outra característica importante: a honestidade – na forma de verdade, integridade e transparência, valores importantes quando queremos nos relacionar com alguém, pois impactam diretamente na confiança. Portanto, é muito importante que o professor seja ele mesmo, mas que saiba ser gentil. Ele precisa entender muito de comunicação – verbal, não verbal, não violenta – para evitar que haja uma falta de respeito ou violência com o aluno de alguma forma. E isso nos leva a outro ponto fundamental, que é a importância de o professor conhecer seu aluno. Não adianta saber só o nome ou a nota, se entendeu ou não o exercício. Ele precisa conhecer mais, principalmente quando tem um convívio maior. É preciso criar atividades e oportunidades para conhecer aquela turma.

Pode ser interessante estruturar junto com a escola algum tipo de questionário que sirva para o professor conhecer mais a fundo as características dos alunos. Quanto maior o entendimento de como o aluno funciona, mais capacidade o professor tem de ajudá-lo – pois fica mais fácil desenvolver empatia, se colocar no lugar dele, entender o que está acontecendo, ter paciência. É um exercício de respeito que vem do professor que se importa com os alunos. Empatia e paciência são também importantes para entender o que o aluno sente e respeitar o tempo dele. Essas virtudes ajudam, por exemplo, a não aceitar provocações ou qualquer tipo de convite para um conflito desnecessário que venha do aluno. Mais do que isso, elas ajudam a perceber que, muitas vezes, a única forma que o aluno tem de pedir ajuda é com alguma forma de violência, com desrespeito, para chamar atenção, para mostrar que está difícil para ele.

Claro que é importante colocar limites, a partir de regras claras. Poucas, mas boas regras, coerentes, que façam sentido e que sejam aplicadas a todos. O professor não pode dar preferência a certos alunos em detrimento de outros. "Ah, porque este aluno se comporta melhor, então eu vou deixar que ele faça determinada coisa, o outro não vou deixar." Uma das coisas que ativa muito fortemente a violência nos alunos é o sentimento de injustiça. Por isso, é muito importante que o professor trate todos igualmente. Ao mesmo tempo, também é preciso ter um entendimento de equidade, compreendendo que alguns alunos têm mais dificuldade, e precisam de mais ajuda. Nesses casos, o professor deixa claro que é assim que ele funciona, para os alunos perceberem que não é uma preferência, é uma genuína busca por poder ajudar. Tudo isso mostra a importância da coerência, que se observa quando o professor cumpre o que prometeu e tem regras claras e observadas. Se ele pede uma lição de casa, por que faz isso? É importante que o aluno perceba essa coerência, esse cuidado. Se o professor não demonstrar os motivos de cada pedido, pode parecer ao aluno que este é parte de um castigo. Mas, quando há respeito na relação, isso não é um castigo, pelo contrário, é para o bem do aluno, pois o exigido vem na medida certa, nem mais, nem menos. Aí sim será possível exigir uma disciplina, com a clareza de que ela está a nosso favor, e não contra. O professor precisa mostrar o tempo inteiro isso, que fazer as lições e seguir as regras é algo bom, não é ruim.

Ainda no tema da clareza das regras, é muito comum que os alunos se revoltem com as notas e expressem sua raiva, às vezes até com violência contra o professor. Novamente, é importante que o professor deixe claro porque cada aluno tem determinada nota, qual foi o critério de avaliação. E o ideal é que esse critério seja comunicado antes das avaliações, direcionando a expectativa e a percepção dos alunos. Essa transparência ajuda o aluno a entender por que ele foi avaliado de tal forma. É muito frustrante quando ele acha que merece uma nota e não a recebe. Ele pode até estar enganado, mas está acreditando nisso, e aí provavelmente houve uma falha de comunicação do professor – lembrando que é sua a responsabilidade deixar clara a lógica de avaliação, para que o aluno possa perceber a própria responsabilidade por aquela nota. Mas se o aluno não entender, vai se sentir injustiçado e, provavelmente, responderá com violência. O papel do professor é redirecionar esse movimento.

O professor também precisa proteger a autoestima dos alunos, fazendo com que eles se sintam bem, até mesmo com suas falhas. Quando um aluno tem alguma dificuldade ou não entrega uma lição, ele jamais deve ser humilhado com expressões como "se continuar assim, você não será ninguém" ou qualquer fala que o coloque para baixo. É muito importante mostrar que somos iguais, que estamos no mesmo nível enquanto seres humanos. O que acontece é que ocupamos papéis diferentes. O papel do professor é exigir, cobrar, avaliar, mas isso não o torna melhor nem pior que o aluno. Aliás, o próprio professor já foi aluno, teve suas dificuldades, precisou lidar com suas falhas. Essa honestidade, vulnerabilidade e verdade tocam o coração do aluno e podem ser mantidas enquanto as regras são cumpridas e os limites necessários são colocados.

Tudo isso traz um ponto fundamental para que haja respeito, que é o diálogo. O diálogo deve ser exercido sempre, fazer parte do dia a dia da relação professor-aluno. Na verdade, esse diálogo deveria ser ampliado para todas as esferas da educação, incluindo a instituição, a família e as relações entre pais e filhos, entre alunos, e assim por diante. O papel do professor e da instituição é sempre estimular o diálogo, pois é dessa forma que cada parte entende o que está acontecendo e pode se expressar, facilitando as relações.

Outro ponto que tem a ver com a comunicação e o diálogo são os momentos em que o professor chama o aluno para conversar. Em geral, esse convite só é feito quando há algo ruim ou desafiador que precisa ser abordado. Mas é importante também aproveitar os dias bons, em que as coisas estão fluindo bem, para conversar, fazendo com que a conversa não seja só sinal de que temos coisas difíceis a tratar. Isso é muito importante para que o aluno perceba que essa relação não precisa ter, digamos assim, uma ênfase de diálogos apenas em torno dos problemas, mas também para aproveitar as boas coisas. Isso permite que essa relação seja muito mais forte, sadia e respeitosa.

A comunicação tem que ajudar o aluno a se sentir parte da escola e da turma. O professor deve incentivar também a conversa entre os alunos, para que todos tenham espaço e se sintam parte, pois é assim que se gera o vínculo, base para o sentimento de pertencimento. Isso serve para crianças e adolescentes, bem como para os adultos, pois a necessidade de pertencer é humana. O professor pode e deve incentivar essa comunicação, sendo que uma das formas é pedindo e dando feedback. Pode abordar questões como "O que está bom?"; "O que não está bom?"; "Como é que se pode melhorar?"; entre outras. Para que ele possa fazer e receber esses feedbacks, o professor precisa ter um senso de humildade. Todo feedback sempre começa na escuta, no entendimento do que está acontecendo com aquela pessoa, do que ela está percebendo. A comunicação não deve estar baseada em gerar medo de punição. O diálogo deve ser de duas vias, e isso também reforça o pertencimento.

Como o envolvimento dos alunos é fundamental para que a educação aconteça, para que ele se abra para receber, é muito importante que o professor avalie as metodologias que utiliza. O que é possível usar de mais novo? Há algo que esteja dentro do repertório do aluno e possa ser aproveitado no ensino? Por exemplo, a tecnologia hoje, dependendo do tipo de aluno, é uma ponte e traz dinamismo e curiosidade. Ela pode ser utilizada para gerar mais envolvimento, inclusive fora da sala de aula, com o conhecimento ensinado. Portanto, é papel do professor estar sintonizado e atualizado com essas ferramentas. Assim, o aluno vai começar a entender a educação como algo para a vida dele e não só para tirar uma nota, não só a educação de uma maneira distorcida. Esse movimento, que vem do respeito, faz com o aluno possa trazer de dentro esse aprendizado e viver mais feliz.

Claro que, como todo profissional, o professor tem seus desafios ligados a remuneração, prática de trabalho, vida pessoal, mas, para não sucumbir aos problemas, ele deve se capacitar com o treino da atenção e com o autoconhecimento, sendo capaz de ter uma mente focada, serena e equânime. E o que é isso? É a capacidade de não se perder em sentimentos negativos quando se defronta com situações difíceis – e, então, poder dar o seu melhor.

O estresse dos professores é uma preocupação importante e que causa muitos efeitos nele e em seus alunos. Um estudo realizado pela Universidade da Pennsylvania, EUA, apontou que 46% dos professores relatam alto estresse diário, o que compromete sua saúde, sono, qualidade de vida e desempenho. Essa mesma pesquisa mostra que, quando os professores estão muito estressados, os alunos apresentam níveis mais baixos de ajuste social e desempenho acadêmico e que programas de orientação, bem-estar no local de trabalho, aprendizagem emocional social e mindfulness melhoraram o bem-estar dos professores e os resultados dos alunos. Por isso, é necessário que o professor, em primeiro lugar, e a instituição tenham esse foco de gerar equilíbrio e bem-estar. Isso é autorrespeito e respeito.

É necessário reconhecer e resgatar a importância do professor, inclusive para e por ele mesmo. É um lugar comum dizer isso, mas neste mundo cheio de incoerências, essa é mais uma delas. Se fala uma coisa – que o professor é importante –, mas as condições que lhe são oferecidas na maior parte das escolas e universidades do Brasil muitas vezes mostram o contrário, como baixos salários, formação e reciclagem limitadas, recursos insuficientes, falta de respeito e valorização pelos alunos e pelo próprio sistema de ensino. Isso, muitas vezes, gera insatisfação e raiva, que impactam sua performance.

O trabalho com respeito pode ajudar o professor a reencontrar o amor por ensinar e ver o aluno crescer, reconectando-se com o seu propósito, em vez de deixar a sua atenção ser totalmente tragada por outras questões. Isso não significa que não se deva exigir melhores salários e condições adequadas. No entanto, o professor deve estar atento para que o seu desempenho não seja negativamente contaminado, causando danos aos alunos e a si mesmo. É necessário separar as coisas, ou seja, dar respeito e exigir respeito.

Respeito, educação e o papel do aluno

O aluno deve entender, antes de tudo, o que ele está fazendo na escola. Deve fazer essa pergunta a si mesmo, aos pais e aos professores e responsáveis pela instituição. É preciso buscar isso, se conectar com o fato de receber determinada educação, e encontrar um motivo para estudar – o que só vai ser possível quando o aluno começar a ganhar essa consciência. Às vezes, alguns anos são necessários para que ele tenha essa cognição e possa entender essa busca, sem entrar no automático ou fazer só porque os pais estão mandando. No começo, muitas vezes acontece isso, pois não temos esse entendimento e fazemos porque nossos pais ou professores estão nos indicando, mas isso gera um incômodo, pois é um fazer por fazer.

Então, mesmo se ele tiver algum medo (como o de ser repreendido), é importante que o aluno pergunte. Essa é a sua primeira responsabilidade: perguntar. Ao perguntar, é importante que o aluno traga objetividade e clareza em relação aos pontos que possam estar incomodando, sendo honesto e sincero, de uma maneira educada com seus professores ou pais.

Muitas vezes, surgem sentimentos de raiva e há uma certa dificuldade em lidar com eles. Nesses casos: respire, dê uma volta, relaxe um pouco e então se comunique com calma. Evite falar em momentos de raiva, em que você se sente super incomodado, porque geralmente quando isso acontece somos agressivos, e a outra pessoa acaba sendo agressiva também, não se abrindo para entender o que foi dito. Então, dentro do possível, que se fale com calma e respeito. Quando, por exemplo, se sentir injustiçado por alguma coisa, que você possa expressar isso com clareza. Tome cuidado com certos pensamentos que vêm nessa hora. "Meu professor não me entende", "Eu falo, mas meus pais não me entendem". Em parte, isso pode ser verdade, mas a fixação nesse pensamento impede que haja um diálogo – e a falta de diálogo vai atrapalhar muito, pois você terá dificuldade de respeitar seu professor se não entender o que está acontecendo e vice-versa. Um aluno precisa conhecer as regras e, sempre que tiver qualquer dúvida, perguntar. Se achar algo injusto, deve falar com sinceridade, ao mesmo tempo sem querer impor ao professor o seu jeito de pensar. Para isso, é fundamental saber falar e ouvir.

É importante também compreender que, se aquele professor está naquele lugar, existe um motivo – ele estudou, fez um esforço para estar lá. Por exemplo, desqualificar o professor dizendo que ele não serve, não presta, não sabe de nada, é um desrespeito. Será que isso é verdade? Ou será que é a raiva falando? Às vezes o professor tem sim incoerências, mas isso não significa que ele é todo incoerente. Uma falha dele não o classifica, pois ele é mais do que apenas aquela falha. Você pode e deve apontar a falha, mas não fique preso em um pensamento que diz que tudo se resume a isso. Assim como você também tem falhas, mas isso não te define. Lembre-se que as falhas são humanas e fazem parte de todos nós. Essa lembrança vai te ajudar a se colocar no lugar do professor e ter empatia com ele, o que facilita a sua capacidade de se relacionar sem julgar e sem ser levado pela opinião ou movimento dos outros – pois às vezes seus colegas estão falando determinada coisa e você vai na onda para ser reconhecido como parte do grupo. Então, é importante que cada aluno tenha consciência do seu próprio papel, do papel do professor, e que o trate com respeito e educação – um jeito positivo de falar e pensar que considera e dá valor para o outro.

Como há papéis diferentes, quando você é aluno, está em uma posição de obedecer a certas regras. Essas regras foram feitas por algum motivo. Você pode questioná-las e tentar entendê-las, mas quando elas estão determinadas, é preciso segui-las, o que exige obediência e disciplina. Essa disciplina é importante e positiva, pois nasce de uma força de vontade nossa, de uma escolha, que faz com que aprendamos com ela. Essa visão pode parecer estranha para alguns, pois muitas vezes associamos disciplina com algo negativo, com uma obrigação que vem de fora. Entretanto, esquecemos que quem escolhe ter aderência à regra é a pessoa, ou seja, o próprio aluno – e isso mostra força e não submissão. Em algumas situações, se pudéssemos escolher, não faríamos da forma como a regra determina. Assim, compreender e respeitar a regra, mesmo tendo uma voz ou vontade interna querendo que seja diferente, exige direcionamento dos vetores da nossa vontade. Essa escolha consciente não impede que questionemos, mas nos dá força para fazer aquilo que é necessário. Isso nos ensina muitas coisas, como: foco, aceitação, resiliência, determinação, lidar com a frustração, saber que as coisas não são apenas do jeito que queremos etc. Esses valores são desenvolvidos a partir desse tipo de experiência. Quanto mais você se abrir para compreender essa lógica, mais poderá ter obediência – e compreender que essa obediência é positiva. Ao mesmo tempo, não significa não fazer uma análise crítica da regra.

Dentro das regras, existem obrigações. Quando tem lição de casa, é preciso fazê-la, por exemplo. Em sala de aula, você deve evitar conversas fora do foco da aula, prestar atenção no professor, não deve colar na prova nem usar o celular na classe para se distrair. Claro que ninguém é perfeito, uma falha vez ou outra faz parte. Mas entenda que isso às vezes também traz consequências. É importante estar consciente, enquanto aluno, do que faz e do que isso gera – ter consciência da sua autorresponsabilidade, ou seja, que você cria as situações da sua própria vida a partir das suas escolhas. Esse entendimento também vai te servir para desenvolver um poder pessoal capaz de construir um futuro melhor e ser feliz de verdade.

Ter consciência e fazer a nossa parte nos empodera – e esse é um dos aspectos mais importantes da educação. É se entender, desenvolver capacidades e competências que vão permitir melhores escolhas, que por sua vez trarão mais felicidade – uma atitude de autorrespeito. Do mesmo jeito que é preciso ter respeito com o professor, assim é com os colegas. Entender o que é bullying e não o fazer com o professor ou com os alunos é uma atitude respeitosa. Mesmo se alguém está fazendo, não entrar na onda só porque o outro está agindo daquela forma. É lembrar daquela regra básica: "Se eu não gostaria que fizessem comigo, por que vou fazer com o outro?". Encontrar um lugar de espontaneidade é fundamental para o aluno, para você ser você mesmo e atuar de maneira livre dentro da escola, embora isso não signifique desrespeitar o outro, invadir o espaço do outro ou usar palavras e gestos para uma comunicação violenta.

Isso vai te deixando mais leve e estabelecendo relações mais positivas, forjando amizades que são muito importantes e fundamentais em nossa vida. Você não vai necessariamente ser amigo de todos os outros alunos, mas tratando a todos com respeito terá muito mais probabilidade de ser tratado com respeito – e isso abre espaço para excelentes amizades que vão fazer a sua vida muito melhor.

Além disso, como já foi dito em relação ao professor, é muito importante que o aluno busque se conhecer. Você tem consciência do que quer? Sabe como sua mente funciona, quais são suas reações quando alguém fala ou faz determinadas coisas? E por que você tem essas reações? Esse autoconhecimento vem aos poucos, com o desenvolvimento da atenção e da auto-observação, mantendo-se a mente atenta para perceber os movimentos que acontecem dentro dela, as vozes, os pensamentos, sentimentos que acontecem a partir de estímulos externos.

O autoconhecimento nasce da auto-observação, que só é possível com o treino da atenção (mindfulness). Esse treino exige uma certa dedicação do aluno, que o ajuda a aquietar a mente. Se os pais, o professor, e/ou a instituição de ensino ainda não oferecem práticas de treino da atenção, o próprio aluno pode pedir por isso quando se torna consciente da sua importância.

E o aluno precisa aceitar suas limitações – o que não significa não dar o seu melhor para crescer e evoluir, percebendo que, às vezes, vai errar – e que não precisa querer ser perfeito. Precisa, por meio do autoconhecimento, perceber que querer ser perfeito já é um desvio, já é uma tentativa de agradar. Aceitar a si mesmo como se é, com suas limitações e potenciais, é uma forma de autorrespeito – e daí nasce a nossa chance verdadeira de podermos evoluir, melhorando a cada dia.

Algumas diretrizes para a implementação de um programa de Cultura do Respeito na escola

Por tudo que abordamos aqui, é fundamental desenvolver um programa que trabalhe em todas as pessoas da instituição uma Cultura do

Respeito. Um aspecto importante para que efetivamente haja respeito na escola começa na maneira que um programa que valorize essa cultura é implementado. Existem algumas diretrizes iniciais para tornar mais efetiva a implementação, visando a sua consistência e perenidade. Aqui encontramos quatro delas:

1. A motivação de sua implementação deve ser verdadeira, ou seja, não apenas para estar na moda, ou porque falaram que é bom. É preciso que os líderes/decisores – diretor, reitor, coordenador pedagógico etc. – estejam convencidos de sua importância e realmente queiram oferecer esse cuidado e bem-estar aos alunos. Isso inclui, por exemplo, que as relações entre esses decisores sejam pautadas pelo respeito. Essa vivência a partir do respeito e dos valores que lhe dão sustentação servirá de base e coerência para forjar um programa que busca desenvolver a cultura do respeito na instituição. Isso também servirá para a sua manutenção após a implementação;
2. Da mesma forma que os decisores precisam vivenciar respeito, os professores e a equipe também precisam. Essa integridade é fundamental para que uma nova realidade, baseada no cuidado, em se importar, na atenção, na serenidade e na consciência sejam instauradas na instituição;
3. Para ter consistência, deve-se buscar programas bem estruturados e pessoas coerentes, experientes e comprometidas. Esse cuidado é óbvio, mas não custa lembrar;
4. Não se deve tornar a participação nas atividades do programa uma obrigação. A escolha de cada um deve ser sempre respeitada. A participação em uma sensibilização inicial para que se saiba o que é uma cultura do respeito pode ser pedida a todos, mas um envolvimento maior nas atividades de um programa, bem como em outras ações, deve ser totalmente livre. Os bons exemplos das pessoas que aderem sempre é o melhor caminho para atrair os outros, mesmo que isso leve mais tempo ou não envolva todas as pessoas.

15.
Respeito e o feminino

"Qualquer gênero somente respeita a mulher quando honra o feminino e tudo aquilo que ele representa dentro de si mesmo."

Antes de iniciar este capítulo, vejo que duas explicações são necessárias. Primeiro, ao falar sobre feminino e masculino (pois o próximo capítulo é sobre Respeito e o masculino), quero esclarecer que entendo plenamente e respeito que existem muitas formas de gênero, orientação e identidade sexual, muito além de uma visão binária de homem e mulher. E que, obviamente, todas as formas devem ser igualmente respeitadas, sendo todas da mesma importância.

Entendo que as forças femininas e masculinas estão presentes nos diversos tipos de gênero, orientação e identidade, em diferentes possibilidades de combinações, pois são características humanas, além de uma construção social (embora sofram a sua influência). Porém, quando associo essas forças a dois gêneros (mulher e homem), o faço pelo simples fato de serem mais frequentes (por enquanto) e de simbolizarem de forma mais fácil a existência dessas duas forças e suas características. Isso em nenhum momento significa que são gêneros melhores do que qualquer outro, mais completos, puros, que devem ser os principais existentes ou qualquer outro entendimento equivocado

Segundo, é importante que você, leitor, esteja consciente de que, pelo fato de eu ser um homem, o meu lugar de fala não me permite ser o principal expoente do que significa respeito ao feminino. Para falar sobre este tema busquei, além de estudá-lo, fora e dentro de mim, ouvir várias mulheres. Uma explicação melhor sobre o que significa o "lugar de fala" você vai encontrar no capítulo sobre Respeito, Compliance e ESG.

Respeitar o feminino é respeitar as suas qualidades e características, que estão em todos os seres humanos, mas tem como principal referência a mulher e a mãe. São qualidades e valores como aceitação, empatia, cuidado, carinho, paciência, harmonia, espiritualidade, sensibilidade, vulnerabilidade, afetividade, igualdade, colaboração, diálogo, entrega, acolhimento, ternura, beleza, intuição e tantos outros. O próprio respeito é uma característica feminina.

É interessante observar que o corpo da mulher, com seus ciclos e a potencialidade da maternidade, gera um ambiente propício para o surgimento dessas características. Por isso que temos a mulher e a mãe como suas principais referências. Fazer a gestação de uma vida durante nove meses requer essas qualidades – especialmente paciência, cuidado, doação e entrega. Daí vem a necessidade de um reconhecimento do valor do corpo feminino. Mesmo que uma mulher não seja mãe – até porque essa é a escolha pessoal – os ciclos acontecem e merecem respeito e valorização. Outro ponto é transformar uma visão equivocada de que essas qualidades geram fragilidade na mulher. Essa é uma visão distorcida – afinal, é do corpo feminino que a vida nasce, é a origem de tudo. Entretanto, infelizmente, nós vivemos em uma sociedade que deixou isso de lado, perdeu sua conexão com as raízes. Respeitar o feminino é resgatar essa conexão com a origem, com a fonte e suas características.

Uma qualidade que nem sempre é compreendida e fala muito sobre o feminino e sua importância é a intuição. Ela é muitas vezes deixada de lado por uma visão limitada, insensível, que distorce e compara, em nome de um pragmatismo, sem considerar os sentimentos e uma percepção ampliada.

Essas desvalorizações vêm da predominância de uma visão masculina distorcida – presente também nas mulheres – que trouxe e traz desrespeito para com o feminino. São muitos os casos de assédio, violências físicas, verbais, sexuais, morais, de todas as formas. Esses atentados contra a mulher e o feminino acontecem no Brasil e no mundo.

Para entender o que é respeitar o feminino nós precisamos abrir espaço para perceber as diferenças que existem entre o masculino e o feminino, sem que isso gere um julgamento, uma comparação de quais características são superiores ou inferiores – pois nenhuma é superior à outra. É esse julgamento que, na prática, traz desrespeito e causa um desequilíbrio. A dívida histórica que temos enquanto sociedade com as mulheres, que, em média, ganham menos e têm menos cargos de liderança que os homens, é um exemplo disso, de um desrespeito à igualdade, à equidade, pois colocamos a mulher e o feminino como algo inferior. Equivocadamente, valoriza-se uma tomada de decisão apenas cartesiana, puramente racional e extremamente objetiva, insensível às dores e às consequências emocionais e sociais. Isso traz a perda da subjetividade, uma característica feminina tão importante para a captura da realidade de forma ampla, e que incorpora os sentimentos e emoções ao processo decisório. Perceber e valorizar o diferente e o singular como formas de inteligência e agir mais sensíveis e intuitivas, com espaço para o tempo das coisas, faz parte deste desenvolvimento do respeito ao feminino.

Isso não significa que as mulheres não tenham objetividade ou não tomem decisões de forma racional. As qualidades masculinas estão presentes nas mulheres, como nos homens e em todos os outros gêneros, e é o equilíbrio e a complementaridade das qualidades masculinas e femininas que geram as melhores decisões.

Respeitar o feminino é ouvir a mulher de verdade, compreendendo o seu corpo, suas características e do que ela precisa. É tratar o homem, a mulher e todos os gêneros com equidade, porque eles têm corpos, características e necessidades diferentes. Isso também significa trazer soluções práticas. Se sabemos que uma mulher menstrua todos os meses, e isso traz uma alteração hormonal grande, podendo impactar suas emoções, seu nível de energia e o bem-estar (retenção de líquidos, cólicas, dor de cabeça etc.), respeitar é buscar formas de facilitar a vida da mulher que passa por isso. Ignorar essa realidade é um desrespeito, embora certas soluções gerem polêmicas. Em alguns países existe um tipo de licença menstruação. Entretanto, em muitas sociedades a menstruação ainda não é tratada como algo natural, e precisa ser escondida, pois é fonte de vergonha. Respeitar o feminino é valorizar a menstruação e tudo mais que faz parte da realidade da mulher, independentemente da solução encontrada. Ou seja: é fundamental respeitar a natureza do corpo da mulher.

Existe uma relação direta entre respeito e a natureza, tanto quando falamos de natureza de maneira ampla (que envolve o meio ambiente, a terra, as águas, os animais, as plantas, o ser humano etc.) como quando falamos de natureza das pessoas ou da realidade. Natureza é realidade. Quando negamos, ignoramos, depreciamos ou vamos contra a natureza de alguém, geramos consequências negativas e, portanto, desrespeitamos.

A conexão com a natureza, a água, os animais, por exemplo, é fundamental para vivermos em equilíbrio. E como esse equilíbrio é dinâmico, mutável, é preciso de muita atenção e flexibilidade, outras duas qualidades femininas. Não tem como o feminino ser respeitado se temos uma única forma de ver as coisas, com um padrão pré-estabelecido de como as coisas devem ser. Acolhimento em relação ao outro e em relação a si mesmo, inclusive às diversas partes de cada um, são características femininas. O autocuidado também é um sinal da atuação do feminino, respeitando o que se precisa, o seu tempo, sem se atropelar ou se deixar levar por coisas que não te fazem bem.

Outra questão fundamental é a criação dos filhos. Respeitar o feminino é tratar com igualdade as obrigações do pai e da mãe. Pode haver algum combinado que estabeleça tarefas diferentes, mas, independentemente disso, a responsabilidade deve ser 100% dividida. Infelizmente, na maioria dos casos a mãe é a única ou a principal responsável pelos filhos. É preciso quebrar esse sistema de crenças para encontrar um ponto de equilíbrio e respeitar o feminino.

Respeitar o feminino é agir para que suas características sejam incorporadas em tudo e em todos. Uma grande oportunidade é referente a crianças e adolescentes, conversando, estimulando a reflexão e mostrando para elas, pelo exemplo, a importância do feminino para cada um e para todos. E dando bons exemplos disso.

Honrar a mãe

O símbolo máximo do feminino é a mãe. Honrar, de verdade, a mãe é respeitar o feminino. Honrar é reconhecer o valor e agir de forma coerente com aquilo que se honra; é assumir e cumprir com o compromisso de respeitar.

Repetir de forma racional que a mãe é importante, mas sem agir com cuidado, dando importância, mostra uma grande desconexão com a sua origem, com o feminino que te fez. Reencontrar e fortalecer essa conexão é a chave.

Uma compreensão necessária para que se chegue a honrar verdadeiramente a mãe, respeitando-a, é a de que estamos neste mundo graças a ela. Se estamos vivos, devemos esta oportunidade a ela. Isso não significa ignorar suas falhas – pois, como ser humano, certamente cometeu erros –, bem como as dores e consequências que vieram a partir delas. Entretanto, a partir de um processo de reconhecimento, auto-investigação, limpeza e cura das mágoas, ser capaz de abrir o coração para que nasça uma gratidão e vontade de dar o seu melhor – ou seja, intencionalidade positiva – para com a sua mãe, que será a base para um agir honroso e respeitoso.

Desafio

Nós temos um desafio muito grande para trazer equilíbrio, paz e respeito ao mundo. Desde muito tempo, como já vimos, há a predominância de um masculino distorcido na sociedade, o que gerou e gera muita violência e destrutividade. É preciso uma reversão rápida e intensa para que possamos salvar a natureza, o planeta e as nossas vidas. Devido a essa realidade desequilibrada, neste momento precisamos da predominância de um estilo mais feminino de atuar e ser, em que as qualidades femininas devem ser determinantes no nosso processo decisório. Por exemplo, quando decidimos fazer a organização de algo de uma maneira puramente lógica, desconsideramos as necessidades e os sentimentos que as pessoas que vão ser afetadas por aquela organização têm. Isso vale quando usamos a palavra organização para referir à ordem, à arrumação de algo e quando a usamos para descrever uma empresa, que é feita de pessoas e processos. Ou seja, quando o feminino não é considerado gera-se muitas dores e desequilíbrios, criando uma realidade em que machucamos e desrespeitamos. Há um grande déficit em as pessoas serem ouvidas, aceitas, cuidadas, acolhidas. Nesse momento, essas características são prioritárias. Sem isso, estamos em um módulo de autodestruição enquanto sociedade e podemos ver isso nas guerras, na crise climática, na (falta de) saúde etc.

Essa predominância necessária do estilo feminino deve durar um determinado período, até que se possa chegar a um equilíbrio. Entretanto, um desafio é fazer isso sem revanchismo, sem que seja uma resposta violenta das mulheres e de quem se sentiu violentado – e, para isso, é muito importante que elas possam contar com o apoio dos homens que já compreendem essa necessidade de mudança. Essa atenção é fundamental para que o desrespeito que aconteceu antes (e continua acontecendo) não gere outro desrespeito. É como um teste que nós temos que passar neste momento. Precisamos de consciência para encontrar uma forma de fazer isso sem que seja uma reação, uma vingança, um desrespeito.

O feminino deve ser desenvolvido em todos

Como já apontado, quando falamos em feminino não estamos nos referindo a características encontradas apenas na mulher, embora seja ela quem naturalmente traz essas características mais afloradas. O feminino também é encontrado em todos os gêneros. E isso é fundamental para nossa sobrevivência enquanto espécie, pois seu subdesenvolvimento, esquecimento e subvalorização vêm sendo o motivo de muito desequilíbrio e sofrimento no mundo – em nível individual e coletivo.

Esse esquecimento é a causa e a consequência de vivermos sob o sistema patriarcal, no qual o poder ainda é entendido e utilizado principalmente pelo homem, pelo masculino desequilibrado e distorcido, que faz com que a violência seja utilizada como forma de se obter controle e domínio sobre o outro. Embora isso valha também na relação entre os homens, torna-se ainda mais forte na relação com as mulheres e com os outros gêneros. As consequências, como já vimos, são um mundo violento, com sofrimento e destruição das pessoas e da natureza.

O desrespeito ao feminino também acontece entre as próprias mulheres, que são muitas vezes – inconscientemente – reprodutoras dessas crenças, seja na educação dos filhos, seja na aceitação de um modelo desrespeitoso. Temos a tendência de reproduzir aquilo que aprendemos por acharmos que é normal, mas isso pode ser interrompido. Essa é uma questão delicada e profundamente enraizada na sociedade, trazendo desafios para uma efetiva mudança.

O principal desafio é o nosso sistema de crenças, que precisa ser confrontado e modificado. Esse é um processo que muitas vezes leva tempo, pois, mesmo quando queremos respeitar o feminino, às vezes somos "traídos" por aspectos inconscientes que influenciam nosso processo decisório e o desvaloriza.

Indo mais fundo na análise das motivações que levam ao desrespeito ao feminino, à mulher e aos outros gêneros, chegamos ao medo – da vulnerabilidade, da falta de controle, de não sermos acolhidos e amados.

O medo de não recebermos o que o feminino tem para dar. Esse medo gera (e é gerado por) diversas crenças. Ele é tão grande que pode fazer com que, em algum grau, acreditemos que o amor não é suficiente. Daí, vem a crença de que é preciso se defender; atacar e dominar para se garantir – afinal, "a melhor defesa é o ataque". Crenças e mais crenças nos afastando do feminino e da verdade.

Hoje existe uma maior consciência da importância do respeito ao feminino e há muitas pessoas, de todos os gêneros batalhando para acessar seus aspectos femininos. Quando isso ocorre, a percepção expande, o coração acalma, o equilíbrio acontece e o contentamento surge.

Esse estado permite, inclusive, ver que algumas qualidades femininas dão suporte para a existência de qualidades masculinas positivas. Por exemplo, a aceitação, o acolhimento, o cuidado e a receptividade geram um ambiente favorável para que uma pessoa possa agir com assertividade, que é um atributo masculino. Entretanto, neste lugar se compreende que a assertividade não é melhor nem mais importante do que a receptividade. Elas são características complementares, uma depende da outra para que ocorra uma consequência positiva. Esse entendimento só acontece quando se desenvolve uma visão sistêmica, integral, compreendendo a natureza do funcionamento do todo. Isso é fundamental para o respeito existir.

A principal distorção do feminino

Da mesma forma que as qualidades masculinas podem ser distorcidas, como na forma de agressividade e violência, as femininas também se distorcem – nesse caso, como submissão, carência, máscara de fragilidade, dependência, desejo de agradar e vitimismo. Sempre que isso acontece, há desrespeito.

Uma das mais presentes nas relações é o vitimismo – que como já vimos anteriormente é uma forma de manipular e culpar o outro, com o objetivo de conseguir o que se quer.

É importante diferenciar a vítima real de um ato de violência, algo concreto que aconteceu em um determinado momento (e que merece toda ajuda e respeito), da vitimização, que é o uso de uma máscara de vítima, que é o uso desse estado para obter atenção e energia dos outros de uma forma manipuladora. Parar esse jogo só é possível com a autorresponsabilização, que traz verdade e respeito.

Respeito do homem pela mulher

Se você for um homem, ao ler esse capítulo, veja se é capaz de perceber o quanto age com desrespeito para com a mulher, diretamente ou dando suporte a um sistema que parte de premissas desrespeitosas. A partir de tudo o que foi colocado aqui, vale uma reflexão sincera de como tem sido o seu comportamento. Uma pergunta importante é se você tem feito o seu melhor para respeitar o feminino fora, nas mulheres e em todos os gêneros, bem como o feminino dentro de si mesmo.

Você já prestou a devida atenção em como você olha a mulher? Ela é um objeto que você quer ter, possuir e controlar? Você é cheio de desejos, impondo uma forma de relação, forçando a barra, querendo que ela se comporte de determinada forma, e ignorando sua vontade? Você coloca a fala da mulher em segundo plano, não dando espaço para que ela se manifeste, interrompendo-a e não ouvindo inteiramente o que ela tem a dizer? Você define como ela deve ser, para atender as suas preferências, e coloca uma maior importância em aspectos como estética, que reforçam ou criam um padrão aprisionador e gerador de sofrimento? Você fica sem paciência quando ela traz dizeres, argumentos, menos "racionais" ou objetivos, mais sutis, julgando-os como algo menor? Costuma dizer para ela "você está louca"? Esses são alguns pontos (existem muitos outros) que um homem deve avaliar para efetivamente ser capaz de agir com respeito.

Outro aspecto é se você consegue ir além dos julgamentos quando uma mulher está atuando a partir do feminino distorcido e sentir compaixão. Da mesma forma como é apontado no capítulo seguinte, sobre Respeito e o Masculino, não significa apoiar ações que desrespeitam, mas ir além de uma ideia de separação, de duas partes que competem entre si. O feminino não é o oposto do masculino. Eles se complementam. Compreender verdadeiramente esse ponto, tomar decisões e agir a partir dessa lógica é uma grande demonstração de respeito e promove a fusão, a união do feminino e do masculino, na sociedade e dentro de nós.

16.
Respeito e o masculino

"Os homens não têm muito respeito pelos outros porque têm pouco até por si próprios."
Leon Trotsky

A frase acima fala sobre a falta de autorrespeito e suas consequências. Nesse sentido, uma dimensão ainda pouco compreendida em nossa sociedade é a relação entre o respeito e o masculino, principalmente quanto à percepção da existência do desrespeito e certas nuances. Nascer em um corpo de homem não significa ter uma vida só de alegrias e privilégios, pois, vivendo em uma estrutura machista e patriarcal como a nossa, aquilo que se espera de um homem chega a ser desumano, desrespeitoso. O patriarcalismo valoriza aspectos masculinos como força, rigidez, disciplina e o ato de exercer influência sobre as pessoas – o que gera muitas vezes violência e falta de respeito com os demais gêneros. Entretanto, esse mesmo desrespeito atinge os homens, mesmo que muitos não tenham consciência, pois são cobrados para terem um comportamento adequado a esse falso masculino. É preciso compreender que o masculino saudável e real é caracterizado por uma força verdadeira da ação, e não pela contaminação da raiva, do ódio e do desejo de impor sua vontade sobre os demais. Este é o masculino distorcido. O homem é atingido por essa distorção, porque isso o desconecta de sua essência.

Isso não significa deixar de admitir que essa distorção afeta muito as mulheres (e outros gêneros), jogando raiva e violência contra elas. O masculino distorcido nega o feminino e o seu poder, mesmo se originando dele – afinal todo homem nasce de uma mulher. Negar o feminino, então, é negar a sua origem. Nada é mais desrespeitoso do que isso – e traz consequência nefastas.

Um aspecto que ajuda a compreender como o masculino distorcido desrespeita as mulheres é perceber a inveja que pode contaminar o homem – já que a mulher detém o poder da criação, que é a geração de uma vida. Também existem muitos sentimentos gerados por projeções e traumas, por julgamentos e entendimentos que criaram e vêm do medo de uma dependência do homem para com a mulher, que pode ser explicado, ao menos parcialmente, pelo fato de o seu corpo ser a fonte da criação e da vida e de todos os sentimentos e dependências sentidos pelo homem enquanto criança. A reatividade escolhida quando há a atuação do masculino distorcido é por combater e tentar controlar o feminino, ao invés de aprender com ele, observando a realidade, abrindo mão das criações mentais e se firmando no respeito.

O masculino distorcido gera uma guerra contra o feminino. Infelizmente, muitas vezes ele encontra ressonância no feminino distorcido e reforça as consequências negativas em todos. O caminho para a paz é o respeito e o primeiro passo é admitir a existência das ações desrespeitosas e estudar suas causas. Quando um homem é capaz de admitir a raiva, o medo, a inveja desse poder que a mulher tem e essa dependência que sente dele, bem como a percepção da ausência disso dentro dele, ele entrega as armas – e só aí se torna capaz de viver seu próprio feminino interno. Ele descobre que não há falta, pois o feminino e o masculino se complementam e coexistem dentro de si. Essa é uma jornada que exige muito respeito.

Voltando ao masculino distorcido, embora haja uma mudança em curso para transformá-lo em masculino saudável, essa ainda não é a realidade. Há muito tempo, pela necessidade de atender às expectativas criadas pelo machismo, muitos homens ficam impedidos de se manifestar plenamente. Mas por que isso acontece? Simplesmente porque, para serem aceitos socialmente, muitos só podem manifestar determinadas características masculinas percebidas como adequadas ao que se espera deles; sentem-se impedidos de se manifestar como de fato são. É muito comum vermos homens com dificuldades de expressar seus sentimentos, sentir e de entender seus mundos internos por causa desse modelo do masculino distorcido. E qual a consequência disso? Sofrimento. Ao tratar alguém esperando que se comporte de determinada maneira simplesmente por ser um homem estamos desrespeitando essa pessoa – suas características e a liberdade de ser quem é.

Esse assunto é muito complexo e acaba ficando menos evidente justamente por conta de outros tipos de desrespeito que se dão com outros gêneros, oriundos desse mesmo modelo de masculino distorcido. Daí a crença de que os homens não sofrem desrespeito. Mas, como já vimos, a impossibilidade de os homens se manifestarem plenamente, inclusive com os seus atributos femininos de sensibilidade, aceitação, acolhimento etc., é uma forma de desrespeito.

Cada vez que tiramos de um menino o direito de se expressar livremente, estamos desrespeitando seu ser. Por exemplo, imagine uma criança do sexo masculino. Espera-se que ela tenha determinadas posturas previamente estabelecidas como adequadas ao seu gênero. Isso é uma falta de respeito, pois seus comportamentos e características pessoais não encontram maneiras de se manifestar naturalmente. Quantas vezes um homem é criticado quando manifesta medo ou vergonha? Uma parte da sociedade condena a vulnerabilidade ao confundi-la com fraqueza. Frases como: "homem tem que ter coragem", "homem tem que ter força", "homem tem que dar conta de tudo", "homem não chora" são provas do quanto ainda desconhecemos a natureza masculina e do quanto nossa humanidade é tolhida por conta do modelo patriarcal.

Nestes meus quase 30 anos de participação em grupos e atividades de autoconhecimento e espiritualidade, tanto enquanto aluno como condutor, um fato sempre me chamou atenção: a participação de mulheres quase sempre é muito maior do que a de homens. Por que será que isso acontece? Entendo que essa realidade é mais um fruto desta distorção do masculino.

Uma forma de respeitar um homem é deixá-lo se manifestar do jeito que é, criando um espaço, desde criança, para que se expresse. Isso não é diferente de qualquer outro gênero. Respeitando a expressão genuína de cada ser, efetivamente respeitamos tudo que existe.

Entre as qualidades masculinas que podem e devem ser exercidas de forma positiva, por homens, mulheres e todos os gêneros, temos a assertividade, a coragem, a força, o poder, a autoridade, a responsabilidade, a independência, entre muitas outras.

Um aspecto importante é que o respeito ao masculino ajuda para que o homem respeite o feminino (e isso vale para todos os gêneros). Isso não significa que respeitar o feminino dependa de respeitar o masculino. É apenas uma constatação de que quando alguém se sente respeitado, ele tem mais para dar. Você cria um círculo virtuoso, pois ajuda a tirar mecanismos de defesa comumente usados. Muitas vezes, um ato de violência (mesmo que injustificável) pode ser um pedido de ajuda, já que a pessoa não sabe fazer de outra forma. Na verdade, o masculino precisa do feminino. É a interação desses dois aspectos que nos completa. Mais uma vez, isso não tem a ver com gênero. Estamos falando de qualidade, ou seja, de masculino e feminino, que estão presentes em todos os gêneros. O respeito ao masculino abre espaço para essa integração – e a integração do masculino com o feminino traz autorrealização e felicidade.

Honrar o pai

Milênios de distorção do masculino e do seu poder trazem uma percepção equivocada sobre o pai. Todos dependemos de um pai e de uma mãe para nascer. Não há como nascer de outra forma. E isso diz muito sobre nós, sobre aquilo que carregamos. Compreender, honrar e respeitar o pai é algo fundamental. De maneira geral, associamos o pai a características distorcidas do masculino. Mas o verdadeiro pai é a representação do masculino saudável e deve ser uma fonte de inspiração – embora, infelizmente, ainda tenhamos poucos exemplos disso em nossa realidade atual. Para que possamos respeitar o pai, é preciso compreender que o fato de muitos agirem a partir do masculino distorcido não faz com que ser um pai seja sinônimo de se atuar por meio dessa distorção. O papel do pai é olhar para essas distorções e ser capaz de ir além delas, trazendo, a partir do respeito ao masculino saudável, uma força para que essa imagem equivocada seja desfeita.

Entretanto, embora um verdadeiro pai seja a manifestação do masculino saudável, o feminino saudável também precisa estar presente no pai. Só quando somos capazes de integrar essas duas forças é que respeitamos o propósito de ser um pai – que é ajudar, se importar, cuidar dos seus filhos.

De maneira geral, é mais fácil você ver alguém honrando a mãe do que o pai. Parece que é mais fácil falar de qualidades positivas da mãe do que do pai. Por que será que isso acontece? O que, em você, compara o pai e a mãe? A comparação é um julgamento e nasce de uma característica masculina distorcida. Tem a ver com competição. Isso nos ajuda a perceber os nossos mecanismos projetivos e o quanto ainda alimentamos guerra, em vez de respeitar e gerar paz.

Respeito da mulher pelo homem

Se você for uma mulher (ou de outro gênero), ao ler esse capítulo, perceba se você é capaz de sentir compaixão pelos homens que atuam a partir do masculino distorcido. Sentir compaixão não significa apoiar ações que desrespeitam, mas perceber que a vítima se encontra dos dois lados da arma, ou seja, o homem que atua na distorção também sofre com isso, mesmo que não tenha essa consciência. Se você é capaz de acessar essa compaixão, ajuda a desarmar essa realidade e pensar em formas de diminuir o sofrimento e as causas que geram o acionamento desse mecanismo que é o masculino distorcido. Essa é uma grande demonstração de respeito pelo ser do homem além da personalidade disfuncional.

17.
Respeito e os relacionamentos

"Os relacionamentos talvez sejam o principal termômetro do respeito."

Uma frase que pode ajudar a entender a importância dos relacionamentos é: "vida é relacionamento" – ou seja, o que mais fazemos na vida senão nos relacionar? Com pessoas, objetos, situações, ideias – relacionamento é o fio condutor da vida. É por meio dele que interagimos, que o nosso mundo interno toca o mundo externo. Inclusive no relacionamento consigo mesmo, pois há aspectos nossos que desconhecemos e, aos poucos, vamos podendo acessar. Relacionamento é quase um indicativo de que estamos vivos, pois é o que mais fazemos. Portanto, entender a fundo como você pode criar condições para que o respeito aconteça dentro dos relacionamentos é a mesma coisa que escolher viver melhor, ter uma vida mais feliz.

Um estudo contínuo feito por Harvard a partir de 1938 se dedicou a observar o desenvolvimento da vida adulta (Harvard Study of Adult Development) e chegou à conclusão de que os nossos relacionamentos e o quão felizes nós estamos neles são a principal influência em nossa saúde, longevidade e bem-estar. Ou seja: nossa felicidade é baseada essencialmente na qualidade dos nossos relacionamentos. Isso significa que precisamos dar toda atenção a eles. E um relacionamento só pode ser positivo quando existe respeito – pois essa é a sua base e sua fundação.

As Sete Leis do Respeito se aplicam de maneira extremamente intensa nos relacionamentos. Iniciando com a intencionalidade positiva, passando por entender qual é a realidade de cada parte, tendo capacidade de observar o outro e se observar, estar atento para suas escolhas e agir positivamente, saber se comunicar adequadamente, já que as interações que acontecem dependem da comunicação verbal e/ou não verbal. Estar ciente das consequências que cada pensamento, sentimento, palavra e ação gera na outra parte. E por último, estando inteiro, presente, lembrando o que é esse relacionamento, a sua importância. Assim geramos relacionamentos positivos e fazemos com que eles sejam um instrumento de desenvolvimento, de evolução, de bem-estar, de equilíbrio.

É óbvio, mas sempre importante relembrar: para se relacionar bem, você precisa estar bem e ter ao menos um grau de inteligência emocional, pois ninguém dá o que não tem. É preciso desenvolver foco, discernimento, autocontrole, motivação e usar tudo isso para não se deixar levar por sentimentos negativos, utilizando a capacidade de escolher conscientemente como lidar com cada situação ou desafio. Em um relacionamento, é preciso ter clareza das expectativas de cada parte – deixar claras as suas, entender as do outro, para que os combinados ocorram e sejam a base para direcionar o comportamento de ambos os lados. É uma outra forma de definirmos o respeito: seguir os combinados. Isso não o limita, mas é uma importante referência. E quando falamos em relacionamentos, falamos de todos os tipos, em todos os lugares. Dentro de casa, com todos que habitam o mesmo espaço, com vizinhos, na rua, no clube, na igreja, na empresa, com as pessoas que conhecemos quando viajamos.

Os relacionamentos também são termômetros para que possamos entender o que acontece conosco. Eles nos trazem desafios, atritos, que são como indicadores de que algo não está bem – há algo a ser aprendido e melhorado. Uma ferramenta que pode ajudar é fazer um mapa com os nomes de pessoas importantes em sua vida, de todas as áreas e esferas. Depois, olhe objetivamente como está sua relação com cada uma dessas pessoas. No capítulo 3, temos um Mapa do Respeito em Relação ao Outro que pode ajudar a fazer esse estudo tão importante.

Respeito, confiança e relacionamentos

A confiança é a base positiva de todos os relacionamentos, sejam pessoais ou profissionais. É o que nos permite acreditar no outro (na vida pessoal e profissional), em suas intenções e em seu processo de tomada de decisão.

Confiar é acreditar, ter fé no outro, na sinceridade afetiva, nas qualidades profissionais etc. É não imaginar que o outro, pessoa ou empresa, possa cometer uma traição, uma demonstração de desleixo, uma intenção negativa, uma falta de respeito.

Quando alguém confia em nós é como se essa pessoa nos desse muito crédito, diretamente proporcional a essa confiança. E um crédito especial, daquele que quanto mais usado, maior fica. Confiança está diretamente relacionada a um compromisso de fidelidade e de respeito.

Estudos (como de Morgan e Hunt, de 1993) mostram que a confiança e o compromisso são pontos fundamentais para o relacionamento. Quanto mais valores compartilhados e melhor a comunicação na relação, maior a confiança. E quanto maior a confiança, maior o compromisso com a relação. O oposto da confiança é o medo, que gera atitudes defensivas nas pessoas. Elas questionam, imaginam o que de ruim pode acontecer, criam obstáculos e dificultam tudo. Em resumo, tudo fica mais devagar e difícil. Respeito gera confiança e diminui o espaço para que o medo atue. Então, se queremos um bom relacionamento, precisamos aprender a nos comunicar. Não é à toa que a comunicação está nas Sete Leis do Respeito e é tema de um capítulo deste livro.

Respeito e amizade

A verdadeira amizade é uma benção que recebemos, pois torna a nossa caminhada mais agradável e é uma aliada rumo à evolução. Amigo é aquele que deseja saúde e bem-estar para o outro e que pensa, fala e age nessa direção. Ou seja, é uma pessoa que nos respeita profundamente. Por isso, ele é uma luz no nosso caminho, neste mundo de ilusão. A amizade também nos ajuda na compreensão da nossa interdependência – afinal somos seres sociais –, e em perceber a conexão com todos, o que traz alegria.

Os sentimentos de confiança, respeito e alegria que temos em relação ao outro são causas e ao mesmo tempo sintomas da amizade, que se retroalimentam. Um amigo se revela ainda mais claramente em nossas quedas e momentos de fraqueza, em que sua mão faz toda a diferença para nos reerguermos. Ele é um aliado rumo à nossa evolução.

Algumas perguntas podem ajudá-lo a verificar como você está em relação ao respeito na esfera das amizades. Você tem bons amigos? Quem são eles? O que você fez para tê-los? Qual foi a última vez que você ajudou um amigo? Como foi isso? Você sempre agradece a existência das suas amizades? Como faz isso?

Fique atento para ver como os seus amigos estão e do que precisam. A melhor forma para ter amigos é sendo um bom amigo.

Um exemplo muito bonito de respeito dentro de um relacionamento pode ser encontrado no filme com Desmond Tutu e o Dalai Lama, que em português tem o título: "Missão: Alegria em tempos difíceis", em que os dois falam sobre diversos temas de desenvolvimento humano com foco na alegria, mas também em como lidar com o sofrimento e aprender a se desenvolver – uma capacidade que não nasce "pronta" dentro de nós, demanda um comprometimento com práticas diárias, como a oração e a meditação. É inspirador ver, no filme, o respeito entre um símbolo do Cristianismo e um símbolo do Budismo, aprendendo pelo exemplo de como eles se ouvem e interagem, de ver como uma verdadeira amizade existe a partir de um espaço de total respeito, reconhecimento e valorização mútuos.

Espontaneidade e colaboração nos relacionamentos

Se há uma fórmula para um bom relacionamento, certamente ela inclui ser espontâneo e autêntico. Ou seja: agir a partir do coração, sem querer acertar ou se proteger. Ao sermos espontâneos, nos revelamos para o outro, o que gera proximidade. Espontaneidade/autenticidade talvez seja a qualidade mais ímpar da alma humana. Nada pode ser mais precioso e belo do que ser você mesmo e, ao mesmo tempo, poder estar com alguém verdadeiro.

A espontaneidade é diferente da impulsividade, pois nasce do coração e é sempre acompanhada de sabedoria. Já a impulsividade nasce do objetivo de se defender, acompanhada de agressividade, sendo uma resposta dos condicionamentos.

O contrário da espontaneidade é a artificialidade, que vem da necessidade de agradar, para conseguir algo em troca. Mas muitas vezes isso não é consciente para quem se comporta assim, embora haja uma manipulação – e, portanto, um desrespeito.

A falta de espontaneidade, de segurança em si, muitas vezes leva à comparação, que quase sempre é sinal de desrespeito. Existe uma história simples que fala sobre a ausência de respeito: um homem ocidental estava colocando flores no túmulo de um parente, quando viu um homem chinês colocar um prato de arroz na lápide ao lado. O primeiro pergunta ao segundo: "Desculpe, mas o senhor acha mesmo que o seu defunto virá comer o arroz?". O oriental responde: "Sim! E geralmente ele vem na mesma hora em que o seu vem cheirar as flores!".

Respeito é aceitar a forma do outro, que não é melhor nem pior do que a sua. Como já vimos, toda comparação é fruto de julgamento, e só pode ser respeitosa mediante uma verdadeira intenção de inspirar e aprender com o outro. Entretanto, na maioria das vezes ela leva à competição, que muitas vezes é contrária à intenção positiva em relação ao outro (pois queremos ser melhores, ganhar), levando ao desrespeito. O contrário da competição é a cooperação, que acontece quando buscamos um objetivo comum e estamos abertos para ajudar e sermos ajudados, desejando o melhor para o outro. Um bom exemplo de cooperação pode ocorrer na educação de um filho. Quando o pai e a mãe (ou os responsáveis) juntos definem o que é importante, ouvem um ao outro, dão sugestões de como cada um pode fazer melhor para com o filho, vemos a colaboração atuando – nesse caso, a conta de um mais um dá mais do que dois. Cria-se um ambiente perfeito para que o melhor de cada um se manifeste, o que impacta diretamente o resultado – nesse caso, uma boa educação para um filho.

Um erro não nos define

Um aspecto importante quanto a respeito e relacionamento é não ficar preso a uma falha que um dia ocorreu, pois um erro não nos define. Se, por acaso, você desrespeitou alguém, deve usar isso como um "material de escola", como um elemento a estudar para aprender e evoluir, não para limitar, condicionar, fazendo sempre retornar àquele erro.

O estudo do respeito só tem sentido se for com o objetivo de melhorar. Ele tem como ingredientes fundamentais o perdão e o arrependimento. O perdão ao outro e a si mesmo. E o arrependimento honesto, que nos leva a não repetir o mesmo erro. O objetivo de estudar o respeito nunca é castigar ou tentar provar o quão desrespeitoso você ou alguém é. Essa é uma visão distorcida, que no fundo carrega uma falta de respeito em si mesma.

Existem aspectos da psique humana que levam a uma interpretação equivocada, gerada por sentimentos como a culpa, a falta de autoconfiança, o não merecimento, entre outros. Às vezes, temos até o desejo de ser castigados, embora isso não pareça ter lógica. São aspectos que habitam nosso inconsciente. Isso deve ser identificado, mas não alimentado – ou seja, não deve embasar nossos pensamentos, palavras e ações. E vale na relação consigo mesmo e com o outro. A falha de alguém não deve ser tomada como a verdade, como algo que define a pessoa – nem ignorada. O caminho é encontrar o ponto certo de compreender a consequência daquela falta de respeito e, ao mesmo tempo, fugir de qualquer tipo de julgamento e estigmatização. Isso é fundamental para termos respeito.

Culpa não é respeito

Como já foi colocado várias vezes, o respeito nasce de uma intencionalidade positiva. Entretanto, algumas pessoas confundem e acreditam que o respeito nasce da culpa – de uma dívida ou obrigação que vem de uma falha anterior. E isso atinge diretamente os relacionamentos.

É preciso ter clareza de que o respeito jamais nasce da culpa. A culpa nos mantém presos a uma ideia, da qual queremos escapar dando uma desculpa. No fundo, a culpa é uma falta em assumir nossa responsabilidade, pois nós ainda estamos defendendo uma ideia, uma imagem, uma narrativa. Ainda não admitimos totalmente o nosso erro, nos arrependendo, para poder transformá-lo e ressignificar a nossa intencionalidade.

Então, a culpa esconde uma intenção negativa – e é muito diferente da autorresponsabilidade. Infelizmente, ela se manifesta em muitas relações e baseia ações que, no fundo, carregam falta de amor e de respeito. Esse é um estudo fino, que exige uma auto-observação maior para poder entender e evitar agir motivado por algo que tenta se revestir de respeito, mas que no fundo é um desrespeito. A culpa é um desrespeito porque não foca no outro nem faz o melhor para ele; deixa de considerar a realidade e aquilo que precisa ser feito, aquilo de que efetivamente o outro precisa. Ela quer apenas controlar quem a sente, sem real conexão com o coração de quem age e de quem recebe a ação.

A culpa é um dos maiores venenos da psique humana. A autossabotagem, por exemplo, muitas vezes nasce dela. Ela nos torna prisioneiros de sentimentos negativos, alimentando inclusive a vitimização em nós. É preciso muita coragem, humildade e disponibilidade interna para olhar e abrir mão da culpa. Esse movimento de reconhecer e transformá-la é uma atitude de respeito consigo mesmo e com o outro.

18.
Respeito e a relação conjugal

"Respeito é a base para o 'casamento da nova era', no qual a união leva à evolução."

Relacionamento conjugal ou amoroso é o encontro entre duas pessoas, independentemente do gênero, da identidade ou da orientação sexual de cada parte. E para que o respeito exista nessa relação, é necessário incorporar todas as características que foram abordadas no capítulo anterior quando falamos de respeito e relacionamento. O que temos de "extra" é que na relação conjugal há outras forças atuando, que exigem entendimento para que o respeito possa acontecer. Uma delas é Eros, que é a força erótica, aquela força que nos atrai em relação ao outro, que gera vontade de se relacionar, não só enquanto amigos, mas também de uma maneira emocional e quase sempre sexual.

Além de Eros, que gera atração, desejo de se unir ao outro, temos o sexo. O sexo movimenta muita energia dentro de nós, gerando uma série de reações em nosso corpo, fisiológicas e psicológicas. Ele é definitivamente uma porta para subir, mas também uma porta para descer, pois pode nos tornar pessoas melhores, mais conscientes e respeitosas. Quando usado inadequadamente, porém, também nos prende, torna-nos obcecados e nos leva a agir com falta de respeito. Na verdade, a questão não é a energia sexual, mas o seu uso. Quando atuamos nessa energia a partir de nossas feridas, carências, projeções, sentimentos negativos, geramos falta de respeito para com o outro e para conosco mesmos.

Existe uma mágica que ocorre na paixão, pois você aprende a se revelar para o outro, a superar suas barreiras, vergonhas, e, se estiver comprometido com a evolução e o respeito, aprende também a visualizar com clareza as suas tendências maldosas. Isso também explica por que algumas pessoas têm um não inconsciente para o relacionamento, têm medo de se revelar, já que a entrega para o outro é um caminho para se entregar a si mesmo.

A energia sexual, por sua vez, é um poder de fusão que leva à união com o outro. E a união com o outro é um caminho para a união dentro de nós. Ela funciona como um espelho e ao mesmo tempo como uma cola: espelho porque possibilita que você veja, a partir da relação, a fragmentação da sua psique – uma divisão interna entre partes que querem coisas diferentes – e cola porque possibilita integrar essas partes que se encontram separadas dentro de você.

Então, a relação conjugal é uma grande oportunidade de desenvolvimento e, exatamente por isso, também traz grandes desafios. Quando pautada no respeito, pode nos levar a momentos incríveis, em que é possível experimentar o amor, o acolhimento, a tão desejosa fusão e união. Alguns chamam isso de relacionamento da nova era.

Entretanto, essa relação também pode nos provocar e mostrar se estamos realmente centrados e não nos deixamos levar por violência, medo, posse, controle, ciúme e tantos outros sentimentos que vêm do nosso ego e que geram desrespeito em relação ao outro e a nós mesmos.

Por exemplo, quando nos submetemos a relações tóxicas, devemos buscar o que, em nós, sustenta esse relacionamento negativo. Existe carência? Do que temos medo? Por que aceitamos a violência? Que ganhos obtemos? Será que isso realmente é preciso? Por mais difícil que seja sair de um relacionamento assim, precisamos estar conscientes de que a escolha é nossa. Muitas vezes precisamos de ajuda para ampliarmos a nossa compreensão e termos (auto)confiança para a mudança necessária. Como já foi colocado, o relacionamento deve ter como principal objetivo nos levar para nós mesmos e a relação conjugal tem esse potencial ainda mais exacerbado – pois ela toca em aspectos profundos, acendendo nosso melhor e também aquilo que não está resolvido.

Talvez uma das melhores coisas nesta Terra seja poder dividir a vida com pessoas que contam com a nossa amizade e amor. Esse é o "sonho" de muitos de nós. E isso é possível, mas só acontece quando somos nós mesmos e abrimos mão das fantasias, das expectativas e das exigências, sem idealizarmos uma perfeição nossa ou do outro. Há muitas crenças, idealizações e ilusões que criamos em relação a um relacionamento conjugal, advindas de uma programação social. Essa expectativa, que diz também como temos que nos comportar, é um grande obstáculo e gera muito peso. Para reverter isso precisamos de autenticidade e revelação, respeitando o outro e a nós mesmos, com consciência e discernimento do que é positivo e do que não é, e escolhendo coerentemente.

Ao mesmo tempo, um desafio sempre presente, mesmo quando tudo vai bem, é estarmos em uma relação sem nos tornarmos dependentes. Quando desenvolvemos alguma dependência do outro, em algum grau estamos desrespeitando essa pessoa, colocando uma carga, uma cobrança direta ou indireta nela. Também estamos nos desrespeitando, pois não consideramos, honramos e cuidamos do nosso ser, da nossa própria potência e capacidade.

Isso exige muita atenção, autoconhecimento, entendimento das ações e de suas consequências. Relação conjugal é um presente que precisa ser muito bem recebido e cuidado. Diálogo, escuta ativa, amizade, tempo juntos, tempo para cada um, aceitação, liberdade, apoio, torcida, são algumas das qualidades de uma relação assim – que têm como grande característica ajudar em nosso processo evolutivo individual.

O que vai determinar a ascensão ou a descida da nossa evolução dentro de uma relação é justamente se os princípios masculino e feminino estão ou não distorcidos, ou seja, se atuamos a partir do respeito ou contaminados pelo ódio – muitas vezes de forma velada. O relacionamento é uma grande oportunidade de integrar fragmentos internos que ainda estejam nessa distorção.

Um desafio que inevitavelmente ganha corpo ao longo da relação é equilibrar a necessidade de intimidade com o outro e a de preservar o próprio espaço. Para poder estar junto da outra pessoa de forma íntima e em harmonia com a necessidade de individualidade de cada um, se faz necessário respeitar as características e gostos individuais, os acordos – que são o caminho do meio entre as partes – e o crescimento da outra pessoa.

Como aferir o respeito em uma relação conjugal? Uma das principais formas é olhar se existe aceitação do outro e uma efetiva intenção manifestada – em palavras e ações – de auxiliá-lo na sua evolução e felicidade. Por aceitação, não se deve entender uma submissão ao outro, e sim o respeito ao gosto de cada um. Encontrar o caminho do meio para desenvolver esse respeito é uma arte. Vamos supor que uma pessoa compartilhe o mesmo teto com seu cônjuge, mas, ao escolher que cor será usada para pintar, ambos prefiram cores diferentes. De repente, decidem pintar com cores distintas alguns ambientes ou optam por uma determinada cor agora e, em uma outra vez, utilizarão a outra – por aí vai. Não há uma fórmula, o que existe é um entendimento do cuidado, da consideração com cada um; daquilo que se gosta, daquilo que se deseja. Procurando mesmo enxergar a importância de cada coisa para poder chegar a um ponto no qual fica confortável para ambos; isso é ao mesmo tempo um grande desafio e uma arte.

Infelizmente, alguns casais se acomodam e aceitam um certo grau de desrespeito, normalizando-o e argumentando que é assim mesmo, que ninguém é perfeito e daí por diante. Embora de fato tenhamos imperfeições – e seja verdade que não podemos exigir do outro aquilo que ele não tem nem pode dar –, muitas vezes esse argumento conformista é usado como desculpa para desrespeitar e não evoluir.

Não há melhor maneira de tratar as dificuldades do casal do que trazer tudo para a superfície, com muita calma e respeito na forma de se colocar, sem ser tomado pelas emoções negativas nem querer destruir a outra pessoa por uma falha qualquer. Isso exige abertura, vulnerabilidade e receptividade das partes envolvidas.

Se você quer construir e manter uma relação conjugal firmada no respeito, algumas perguntas podem ajudar a perceber a riqueza que essa relação traz e ver se você a está usufruindo: O que você aprendeu sobre si mesmo com seu parceiro/a anterior? E com o/a atual? O que você mais cobra do seu parceiro(a)? Por que você exige isso dele(a)? Por que você quer ter um relacionamento amoroso, de verdade? Do que seu parceiro/a precisa de verdade? O que você pode fazer para ajudar a atender essa necessidade? Você quer mesmo fazer isso? Se não, por que não quer? Respostas sinceras podem ajudar nesse caminho.

19.
Respeito e a natureza

"Viver em harmonia com a natureza e suas leis é sinônimo de respeito."

Uma pergunta importante para refletirmos é: o homem depende da natureza ou a natureza depende do homem? Se você for a fundo ao responder essa pergunta, vai descobrir que ela não faz sentido, porque a natureza e o homem são uma coisa só. Talvez você perceba que a natureza continua existindo sem o homem, mas o homem não continua existindo sem a natureza – embora seja parte dela. Essa consciência deveria mover as nossas atitudes em relação a todos os elementos que compõem a natureza porque, quando ela está em desequilíbrio, nós sofremos. Embora esse entendimento possa cognitivamente ficar claro, nossas escolhas efetivas são contraditórias a essa verdade.

Mas o que é a natureza? A resposta para essa pergunta é o que nos permite entender sua relação com o respeito. A natureza é tudo. Nós somos a natureza. As plantas, os animais, os minerais, a terra, a água e o ar que respiramos são a natureza. Tudo isso é natureza e tem uma conexão entre si, uma relação de interdependência muito grande. A Lei de Lavoisier diz: "Na natureza nada se perde, nada se cria, tudo se transforma". A matéria está em constante transformação – é a natureza e se apresenta de várias formas diferentes. Assim, respeito com a natureza é o cuidado com tudo o que existe neste mundo, gerando harmonia e equilíbrio.

É importante entender que podemos impactar positiva ou negativamente a natureza, e esses impactos podem se dar direta ou indiretamente. Na forma direta, o respeito se dá quando, por exemplo, não desmatamos nem jogamos lixo na natureza, a preservamos, não poluímos um rio, não maltratamos os animais, ao contrário, respeitamos e cuidamos deles. Infelizmente, não faltam exemplos de desrespeito em relação à natureza frutos dessa interferência direta.

Há também os impactos que produzimos indiretamente, especialmente pelo consumo. A produção e o uso excessivo de produtos e embalagens, uma inadequada estrutura sanitária, que despeja esgoto e contamina as águas, a falta de filtros em fábricas que produzem gases poluentes, dentre muitos outros exemplos.

O que talvez gere maior impacto seja um consumo maior do que a natureza pode oferecer em termos de recursos renováveis. A crença – porque não é verdade – de que os recursos são ilimitados é base do desrespeito. A natureza tem, sim, a capacidade de se renovar, mas em determinada velocidade, necessitando de um tempo específico, que precisa ser respeitado.

Relacionado com isso, temos a forma como extraímos os recursos e o processo de fabricação que normalmente também impacta negativamente a natureza, como: produtos tóxicos, baterias, plástico (produtos e embalagens), espumas, derivados de petróleo; energia de fontes não renováveis, como o petróleo, gás e carvão; não utilização de logística reversa – que é o reaproveitamento dos componentes de um produto, renovando-os – e as questões relacionadas ao lixo – falta de gestão, descarte inadequado, impactos no solo etc. Outro aspecto fundamental é o tratamento da água, pois a contaminamos com lixo, fertilizantes e agrotóxicos, esgoto, óleos não tratados, entre outros. Ainda temos o consumo excessivo de carne e derivados animais, impactando fortemente a natureza devido à área desmatada para os rebanhos, o uso intensivo de água, a necessidade de área plantada para alimentar os animais, os gases gerados, entre outros aspectos que provocam desequilíbrios.

Uma referência para se estudar se estamos agindo com respeito é observar a relação entre aspectos econômicos, de conforto – relativos ao que pode ser mais agradável para uma pessoa – e os impactos que temos na natureza. Por exemplo, quando escolhemos um modo de locomoção, podemos decidir entre andar a pé, de bicicleta, de moto, de carro, de ônibus, de trem, de avião e cada uma dessas escolhas tem um custo, um nível de conforto e um impacto diferente na natureza. Ter consciência desses elementos e escolher com bom senso mostra respeito com a natureza.

Mas o mais importante de tudo isso é a compreensão de que, como dito antes, nós somos a natureza. Partindo desse entendimento, nos deparamos com a Terceira Lei de Newton: para cada ação existe uma reação, de mesma intensidade e com sentido oposto. Quando desrespeitamos a natureza, sofremos as consequências. Existe uma força muito poderosa que nos ensina a partir daquilo que vivemos. O ser humano tem escolhido aprender a partir do sofrimento. Toda essa mudança climática e os desafios que sofremos são decorrência da lei de ação e reação. É preciso desenvolver autorresponsabilidade e perceber que nós criamos isso. Existe um impacto individual, fruto da nossa escolha, e coletivo, fruto da escolha da sociedade em que vivemos. A natureza (e seu desequilíbrio causado por nossas ações) nos lembra dessa nossa escolha, mostrando a existência da interdependência. Ou seja, que dependemos dela. E o que fazemos com ela volta para nós. Ela nos lembra do quanto dependemos do sol, das árvores, do mar, dos rios, dos animais, de tudo. Na natureza, há um equilíbrio que, quando sofre nossa interferência negativa, gera sofrimento. As crises hídricas que atingem grandes cidades são um exemplo, e eventos como esse têm se tornado cada vez mais frequentes. Só sentimos os impactos, como nesse caso, quando eles se apresentam na nossa realidade e precisamos entender a relação de causa e efeito. É triste que esse entendimento ainda seja muito distante para a maioria das pessoas.

Há outro ponto bem relevante a ser considerado: o ser humano, em geral, se acha mais importante do que os outros seres vivos – pois age sem consideração pelos outros seres e acredita ter mais direitos. Esse é um dos principais motivos para que haja a falta de respeito. Se somos o centro do universo, então a natureza estaria a nosso serviço – e não há nada mais longe da verdade.

Um exemplo de respeito muito interessante que eu ouvi de um xamã (indígena) foi: para tudo o que se for fazer na natureza, antes precisa pedir licença. Se vai cortar uma planta por ter essa necessidade (com consciência), peça antes licença. É uma forma de respeitar a planta, pois você cuida, reconhece o ser vivo que ali está. É preciso conexão para que exista respeito com a natureza; isso é fundamental.

Apenas a real consciência de que, como pudemos ver de diversas formas, somos a natureza, já pode criar uma efetiva mudança de comportamento – capaz de gerar consideração, respeito, cuidado e intenção positiva em relação à natureza.

20.
Respeito e alimentação

"Se eu não respeito o que ponho na minha boca, como posso me respeitar?"

A alimentação – embora nem sempre seja óbvio – está diretamente relacionada ao respeito. É impressionante como desrespeitamos a natureza, os outros e a nós mesmos quando nos alimentamos de maneira equivocada.

Uma frase que sintetiza bem a importância da alimentação e sua relação com o respeito é: "Você é o que come". Aquilo que comemos é fruto de uma série de tomadas de decisão, de escolhas. E como todas as escolhas, elas geram impactos em quem come, nos outros e no todo. De maneira simplificada, podemos dividir a questão da alimentação em duas grandes áreas: consumo e autoamor (quando ela cuida de você, do seu corpo, da sua mente).

Na primeira área, é importante termos consciência de que o que comemos e bebemos, por ser ligado à nossa sobrevivência e demandar um consumo constante, é o que gera mais impacto. Nossa decisão quanto a esse consumo impacta as pessoas, o trabalho, a natureza, os animais, os vegetais, o clima, as águas (por conta do uso de produtos para agricultura), enfim, em tudo. O tema de respeito e consumo é tratado em um capítulo específico deste livro, por isso focamos no aspecto da alimentação voltado para si, para o autoamor.

Para isso, é necessário utilizar o filtro das Sete Leis do Respeito, começando pela intenção. Por que você se alimenta? A comida que coloca em sua boca está a serviço de quem, ou do quê? Ela está a serviço de trazer o seu melhor potencial, a sua felicidade, saúde, bem-estar? Essas são perguntas importantes para avaliar se o respeito está presente na forma como você se alimenta, e vão exigir conhecimento, entendimento das consequências e vários outros aspectos abordados nas Sete Leis. Para além da comida e bebida que ingerimos, existem outras formas de nos alimentar, como sono, meditação, música, o ambiente onde estamos, hábitos, mídias sociais etc. Todas essas são formas de alimentação e precisam passar pelo mesmo filtro de "por quê", "o quê", "como", "quanto".

Essa abordagem não busca um radicalismo, mas sim uma consciência da escolha a partir do equilíbrio – fundamental para alcançar o bem-estar – que é um sinônimo da existência do respeito. Existem muitas linhas de alimentação que trazem entendimentos diferentes sobre a forma como devemos comer. Não cabe dizer qual é a melhor, mas é importante que você estude e escolha uma que sinta que seu corpo responda bem. Às vezes, para isso, é necessário experimentar algumas formas.

Os aspectos de como esse alimento foi cultivado também trazem impactos. Se foi produzido com agrotóxicos, você vai ingerir algo que é agressivo e nocivo para o corpo, dependendo da quantidade. Se o processo teve alguma forma de violência, com exploração das pessoas, dos animais, da terra, também será fonte de desrespeito. Uma linha que une alimentação e respeito fala especificamente de a importância de um alimento ser produzido sem violência contra os animais. É a alimentação vegetariana ou, mais especificamente, vegana, que tem como foco o respeito à vida (o que inclui não só manter os animais vivos, mas também evitar seu sofrimento). Este livro não tem intenção de convencer você a virar vegetariano ou vegano, nem condenar quem não segue essa linha. Mas tratando desse tema de respeito é importante que façamos uma reflexão se aquilo que comemos não causa sofrimento a outros seres. Isso faz parte do aprendizado e do desenvolvimento de uma atuação respeitosa.

E há ainda a nossa relação com o alimento na hora de comer – que inclui a atenção durante a refeição, situações que vive enquanto come, que podem vir carregadas de emoções negativas, e o ambiente onde está; também existem fatores que influenciam a quantidade que se come, a mastigação e a digestão – ou seja, a forma como esse alimento será recebido.

Muitas doenças são causadas pela má alimentação. Apesar de ser uma informação conhecida, é impressionante como falta coerência em nossa atuação. Falta usarmos a nossa força de vontade para que o alimento seja nossa principal fonte de saúde e não doença. Estamos aqui olhando de maneira ampla para que a alimentação possa efetivamente nutrir o corpo – para que o corpo possa facilitar nossa experiência nesta Terra, trazendo bem-estar e permitindo que vivamos o nosso melhor. A quantidade que comemos também traz muitos impactos ao nosso corpo, podendo sobrecarregar órgãos. É importante lembrar que a diferença entre o veneno e o remédio, muitas vezes, é a quantidade.

Estamos diante de uma crise mundial de obesidade, sendo a alimentação a principal causa; um consumo exagerado, desequilibrado. Isso tem a ver com o desrespeito por si mesmo. Aqui não cabe qualquer alusão aos padrões estéticos. Há tempos vemos episódios de gordofobia nos quais existe muito desrespeito e submissão a um padrão estético "desumano". Isso deixou marcas profundas em muita gente; por isso, falar sobre obesidade pode soar como desrespeito. Não se trata disso, e sim de um profundo respeito às reais necessidades das pessoas; o que de fato cada um precisa. Uma coisa é se vender aos padrões estéticos, outra é entender – a partir de dados objetivos – o que a obesidade gera. É preciso considerar se você está feliz com o seu corpo e como estão as questões relativas à sua saúde em curto, médio e longo prazo – tudo isso conta. Nesse sentido, é também importante respeitar a escolha do outro referente à sua alimentação, sem querer vigiar, controlar ou julgar.

Há também aspectos mais profundos ligados à autoestima que precisam ser entendidos e tratados com seriedade para que seja possível olhar com verdade para a questão da obesidade. Comer mais do que você precisa gera externalidades negativas em seu corpo e desequilíbrios, e isso precisa ser observado. Trata-se de um desrespeito com a sua vida, o seu ser. Buscar compreender as causas do comer em excesso faz parte do processo de transformação desse mau hábito. Quantas vezes, por exemplo, a comida não é uma válvula de escape para as nossas dores emocionais?

É necessária uma atenção para podermos chegar a esta compreensão, caso contrário desrespeitamos o nosso corpo e a nossa possibilidade de ir além das feridas emocionais, uma vez que fazemos da comida um amortecedor. De novo, sem a ilusão de um comportamento perfeito, ideal. Alguns momentos são bem difíceis e não há problema algum em amortecer um pouco; é necessário ganhar um tempo para poder respirar e voltar a enfrentar questões que tanto nos desafiam. O problema é quando isso pode gerar um hábito. Comer com consciência é o caminho para o respeito, compreendendo que não existe uma fórmula única para a alimentação.

Um nível mais profundo de consciência sobre os impactos da alimentação equivocada em nossas vidas é necessário para podermos nos alinhar e respeitar, de verdade, a nós mesmos, a natureza e aos outros.

21.
Respeito, religião e espiritualidade

"O respeito do meu pai pelas crenças religiosas de minha mãe ensinou-me desde pequeno a respeitar as opções dos demais."
Paulo Freire

O respeito tem uma de suas mais nobres e elevadas manifestações na espiritualidade. Podemos inclusive entender que respeito é também uma das manifestações da devoção, de uma afeição e dedicação a algo ou alguém.

A palavra espiritualidade pode ser compreendida como a nossa conexão com aquilo que é real, a verdade, que vai além da forma. Nesse sentido, um dos níveis mais elevados do respeito é quando ele se dá em relação à vontade divina, ao que Deus – a força criadora, a inteligência que envolve a todos, um princípio que se encontra dentro e fora de nós e pode ter diversos nomes dependendo da cultura e da linha espiritual de cada um – determina. Para compreender isso, é fundamental entender Deus não como um ser externo que muitas vezes está examinando, controlando o que você faz – isso normalmente é uma projeção negativa dos nossos pais. No contexto deste livro, Deus é uma força superior que vai além da vontade do nosso ego – que deseja as coisas de um jeito específico para atender as suas vontades. O respeito à vontade divina se manifesta em verdadeira aceitação das coisas como são, da vida como é. Aceitação não significa você não fazer nada, já que tem de "aceitar". Significa, sim, você fazer a sua parte, assumir a sua responsabilidade, mas não querer controlar o resultado da ação. Isso significa desapego.

Dessa forma, podemos encontrar uma ligação muito profunda entre respeito a Deus e autorrespeito, pois quando você realmente respeita a sua essência, aquilo que você é, está respeitando esse princípio divino que também habita em você. Essa conexão se dá em um nível muito profundo.

Respeito na espiritualidade é aceitar a sua forma de conexão, bem como a de qualquer outra percepção de Deus. Respeitar a pessoa que chama Deus de Alá, Cristo, Jesus, Buda, Krishna, Oxalá. Respeitar de verdade, desejando que a conexão daquela pessoa seja estabelecida da melhor forma, a mais forte e potente possível, compreendendo que se trata da conexão consigo mesma – e, por razões que não compreendemos, ela se conecta com uma determinada forma de ver a divindade. Então, estamos falando de você se importar, ajudar, torcer para que o outro possa se conectar com Deus, que é uma chave que abre muitas outras portas. Em outras palavras, respeito é não querer convencer o outro de que a sua forma é melhor que a dele. É não julgar que existe uma única forma certa.

Em um olhar mais amplo, respeito é o fruto dos ensinamentos mais nobres que podemos receber de Deus, porque é o que permite nos tornarmos humanos, além das limitações que a nossa origem animal traz.

Infelizmente, não é o que vemos em geral. Para dar uma ideia da extensão do desrespeito, vamos olhar a quantidade de casos de discriminação religiosa que geram processos judiciais, devido à ocorrência de assédio (e danos) moral. Segundo um levantamento, somente entre setembro de 2019 e setembro de 2022 foram 21.707 processos, com um valor integralizado dessas causas de R$ 4,81 bilhões. E como são poucos os casos ocorridos que se transformam em processo, podemos ver a dimensão do problema que temos no Brasil em relação a esse tema. A solução para isso é uma só: desenvolver respeito.

Respeito e religião

Toda escolha de caminho deve ser respeitada. Isso vale para todas as áreas e não poderia ser diferente para a escolha religiosa, para a forma com que cada um entende e escolhe promover a religação. Religião vem de religare, religação com o Todo, com Deus – que, como já vimos, assume diferentes formas dependendo da linha e da cultura. Esse entendimento cognitivo de respeito aos diferentes nomes e formas pode ser encontrado em praticamente todas as tradições religiosas, já que elas buscam o amor, a verdade e o respeito.

Quando você perceber que seus pensamentos apontam para uma falta de respeito pela escolha religiosa de alguém, o caminho do respeito pode ser buscar a causa dessa sua forma de entendimento. Você poderá encontrar, por trás desse incômodo, um sentimento de ameaça ou medo, pois a escolha do outro poderá significar para você um questionamento da sua própria escolha. Importante observar que isso é uma criação mental, um julgamento, uma crença.

Uma forma de encarar e ir além das "ameaças" é promover a proximidade entre pessoas que têm crenças diferentes, trazendo conhecimento mútuo. Hoje já existem encontros inter-religiosos, promovidos por líderes religiosos conscientes dessa necessidade. Entretanto, muitos mais são necessários para que um número maior de pessoas possa perceber que todos somos merecedores do respeito, independentemente do nome e da forma que damos e que manifestamos o nosso vínculo com a divindade. Isso vale inclusive para quem não tem uma religião determinada. Aproximar-se do outro e perceber a sua humanidade ajuda a criar uma conexão e a servir como ponte para os corações, ampliando o campo do respeito.

Individualmente ou nesses encontros, debater e estudar o que nos afasta e/ou gera esse medo pode iluminar a todos. Esse estudo, juntamente com as Sete Leis do Respeito, contribuirá para que haja harmonia, que é um fruto do desabrochar do respeito e uma consequência direta dele.

Um exemplo já citado, e que pode ser visto no filme "Missão: Alegria em tempos difíceis", é o respeito à fé e à forma como cada um entende Deus entre o arcebispo Desmond Tutu (representante da Igreja Anglicana) e o Dalai Lama (principal líder religioso do Budismo Tibetano). É um belo exemplo de como é importante alimentarmos, cultivarmos e respeitarmos a fé religiosa, qualquer que seja ela.

Respeito e inteligência espiritual

Inteligência Espiritual significa olhar para a vida a partir do sentido dela e daquilo que valorizamos, ou seja, trazer para nossas decisões e vida uma preocupação com o que realmente importa para nós. Em outras palavras, é utilizar critérios para as suas escolhas que estejam conectados com o seu propósito ou sentido de vida e àquilo a que você dá real importância, que são os seus valores, pois apontam o que vale a pena de verdade e é prioritário para você. Essa inteligência permite que possamos avaliar o que faz mais sentido para nós, sendo mais criativos e direcionando as nossas escolhas, ações, esforços e energia rumo a uma vida melhor, mais plena, com mais significado.

A inteligência espiritual pode direcionar o uso da inteligência intelectual (que é mais conhecida e fala sobre capacidade lógica e de raciocínio) e da inteligência emocional (fundamental para lidarmos positivamente com as emoções) através de, como já vimos, critérios e valores. Inteligência espiritual não implica ter uma religião, mas reconhecer e se reconhecer como um ser, uma alma ou um espírito, além do corpo, vivendo uma experiência na Terra.

A relação entre respeito e inteligência espiritual é total, sendo que uma fortalece a outra, pois partem dos mesmos princípios e/ou características – como conhecer, respeitar e seguir o propósito. Ambos dependem de atenção, de autoconhecimento, de agir baseado em valores positivos, em celebrar a diversidade, em ser verdadeiro e espontâneo, em ter compaixão, em não causar dano (violência), em não ser reativo, entre outros aspectos. Enfim, podemos dizer que o respeito leva à inteligência espiritual, da mesma forma que a inteligência espiritual leva ao respeito. Difícil dizer quem nasceu primeiro.

Respeito e morte

A morte é o fim de um ciclo, independentemente da religião ou da crença que uma pessoa tenha. A matéria tem um fim. Entretanto, a morte pode trazer importantes ensinamentos sobre respeito.

Quando alguém próximo a nós morre, uma pergunta que podemos nos fazer é: realmente respeitamos essa pessoa? Se sim, a pura lembrança pode nos trazer uma paz, tranquilidade, mesmo quando estamos sob o efeito da tristeza e de outras emoções difíceis, como saudades.

Se fomos capazes de agir com cuidado, ajudando e nos importando com a pessoa que fez a passagem, querendo e atuando para o seu bem, acessamos o poder do respeito e sentimos uma paz de espírito, que traz a sensação de que fizemos a coisa certa, agimos como deveríamos ter agido.

Isso não substitui ou elimina a tristeza e as saudades, mas traz um conforto e nos serve de motivação para respeitar cada vez mais as pessoas com as quais convivemos. Respeito é como aproveitar e celebrar a vida.

E quando não respeitamos plenamente a pessoa? Nesse caso temos uma oportunidade de aprender mais sobre nós mesmos e olharmos para o que nos impediu de fazer isso. Onde é que perdemos a consciência do que é mais importante? O que nos tirou do caminho do respeito? Essa reflexão pode ser a chave para uma transformação.

Não há qualquer sentido em se culpar pelo que já foi. Qualquer movimento de se autocastigar é apenas mais um ato de desrespeito. Essa clareza e firmeza são fundamentais para não nos perdermos nas amarras da culpa e evoluirmos rumo a uma vida com mais respeito.

Oração pedindo por respeito

Um elemento presente em todas as religiões é a oração. Orar é pedir, reconhecendo o poder da palavra. Aqui trago uma oração nascida em mim durante a elaboração deste livro, para inspirar você a pedir por respeito. É apenas um exemplo de muitas formas que podem existir para fazer esse pedido.

Senhor/Senhora

Dai-me a sua luz e consciência para que eu respeite a tudo e a todos, incluindo a mim mesmo. Que eu possa honrar toda a sua criação, cuidando, ajudando, me importando e desejando o bem.

Perdoai-me por todas as vezes em que me deixei levar pela minha mente e confundi respeito com qualquer outra coisa. Perdoai-me por todas as vezes em que esqueci os seus santos ensinamentos e desrespeitei. Ajudai-me a perceber e a transformar cada uma dessas falhas, trazendo mais amor e respeito por tudo e todos.

Peço que ilumine o meu irmão para que ele também possa respeitar, mas se ele não for capaz de ter respeito, me dê consciência e força para me manter firme no respeito.

Que eu possa reconhecer e ajudar cada pessoa, animal, vegetal e qualquer forma de vida a se manifestar em sua plenitude.

Que sempre que eu me esquecer do conteúdo desta oração, vós possais me lembrar e me dar força para eu escolher me manter consciente e respeitando.

Que eu possa ser um contigo e respeitar sempre a vossa sagrada vontade. Amém.

PARTE 4
Respeito nas Organizações e nos Sistemas

22.
Respeito e saúde

"Respeito e saúde partem dos mesmos princípios, como intenção positiva, equilíbrio e cuidado."

Saúde é equilíbrio e vida. Ninguém vive bem sem saúde. A Organização Mundial da Saúde (OMS) define saúde como o equilíbrio entre diversos aspectos – físico, mental, social etc. Diferentemente do que diz o senso comum, a saúde não é apenas ausência de doença – é a capacidade de estarmos bem para darmos o nosso melhor enquanto indivíduos, e proporcionarmos condições para que os outros deem o seu melhor, quando pensamos em profissionais e no sistema de saúde. Então, respeitar a saúde é cuidar, se importar, ajudar para que cada um possa estar equilibrado para tomar as melhores decisões e viver da melhor forma possível. Saúde, quase sempre, é uma expressão de cuidado. O que de melhor podemos desejar a alguém além de saúde e bem-estar?

Ao tratar desse tema, há várias abordagens possíveis, mas neste capítulo vamos tratar de três específicos, e que se interconectam: o respeito com a própria saúde, individualmente; o respeito na relação entre profissional de saúde e paciente; e, por último, o respeito na estrutura do sistema de saúde e o acesso das pessoas (que será tratado de forma básica, pois comporta muitos fatores). É um tema profundo e vasto, que, como muitos outros aqui, tratados mereceria um livro específico, porém vamos abrir uma reflexão inicial apenas nesses três campos, pois eles impactam diretamente a qualidade da saúde individual e coletiva.

Individualmente, com uma boa saúde fica muito mais fácil ter uma experiência positiva aqui na Terra, crescer e se desenvolver, aprender e viver plenamente. A saúde também nos permite compreender e aplicar melhor os valores humanos, focando o que é mais importante para nós. Assim, podemos ir além da necessidade de sobrevivência. Saúde é um elemento chave para se viver bem, mas é o tipo de coisa que normalmente valorizamos apenas quando perdemos; muitas vezes com dificuldade de restabelecê-la pelas limitações inerentes ao corpo (idade, respostas fisiológicas, comprometimento de certas partes do corpo etc.).

Para entender melhor o valor da saúde, precisamos resgatar uma pergunta básica, que tem permeado muitos capítulos deste livro, que é: Por que nascemos e qual é o propósito da nossa vida? Ter e manter a nossa saúde nos permite encontrar mais facilmente essa resposta e viver esse propósito. Nada é mais importante e demonstra mais a existência de respeito do que darmos sustentação à manifestação de quem somos e do que viemos fazer neste mundo. A saúde é nossa grande aliada nesse sentido. Cuidar da própria saúde, no fundo, é uma demonstração de respeito à experiência humana.

Se, entretanto, olharmos para esse tema com atenção, podemos perceber a incoerência entre o quanto dizemos que a saúde é importante e como agimos de forma displicente em relação a ela; o quanto desconsideramos e desrespeitamos a nossa saúde a partir de nossos hábitos, do que comemos e bebemos, de quanto e como dormimos, de como e onde respiramos, do que fazemos com nosso corpo, de onde colocamos nossa atenção, das pausas necessárias, de como lidamos com o stress e com o relaxamento, da nossa busca por ajuda, da nossa adesão a um tratamento, entre muitos outros. Tudo isso impacta tanto a nossa saúde física quanto a mental, que hoje é um dos grandes desafios da sociedade.

A saúde, na prática, é subvalorizada e esquecida. Deixamos que ela se deteriore pela inconsciência do impacto que tem na nossa vida. Há uma falta de autorrespeito, autoconsideração e autocuidado, aspectos tão importantes e para os quais normalmente damos tão pouca ou nenhuma atenção. Além disso, quando uma pessoa não tem esse respeito e atenção consigo mesma, em termos de saúde, provavelmente também não o terá de forma plena com a saúde dos outros. Como só damos o que temos, se uma pessoa aceita dormir menos do que necessita, provavelmente não vai dar a devida atenção e valor, nem tentar ajudar o quanto poderia, quando sabe que alguém também dorme menos horas do que deveria. Essa falta de atenção e de compreensão de algo negativo gera uma normalização do estado insalubre – e vai impactar também a relação com os outros. São basicamente as nossas escolhas que determinarão se iremos viver em equilíbrio e bem-estar, ou seja, com saúde, ou, o contrário, na doença.

Um fenômeno comum, e que ilustra bem a incoerência entre dizer que quer saúde e agir para a saúde, é ver a falta de real engajamento em muitos pacientes quanto ao tratamento de que necessitam. Mesmo quando o profissional de saúde explica as necessidades e as consequências de determinados comportamentos, muitos pacientes não os seguem. Há algo aqui para ser estudado e transformado.

Uma forma de quebrar essa realidade negativa e resgatar o autorrespeito em relação à nossa saúde é nos perguntarmos: O que me impede de fazer aquilo que já sei que precisa ser feito para eu ter saúde? O que efetivamente me impacta (como crenças, pensamentos, sentimentos etc.) e que gera um comportamento incoerente com a minha saúde? O quanto eu realmente quero ter saúde e viver bem? Por quê? Respostas sinceras a essas perguntas podem ser o início de um processo de transformação e um novo caminho rumo ao respeito e à saúde.

O segundo campo foco deste capítulo, e que obviamente influencia a nossa atitude quanto à nossa própria saúde, é a compreensão da relação entre o profissional de saúde e o paciente. Essa relação é fundamental, pois influencia a maneira como o paciente entende a própria realidade, as causas do problema, a necessidade e os motivos para ter autocuidado, bem como para aderir aos comportamentos que o levarão a obter saúde e equilíbrio.

Ao mesmo tempo que é fundamental, essa relação envolve por muitos desafios. Começa pelo fato de que o paciente, que normalmente se encontra em situação de desequilíbrio, não está em sua melhor forma de compreensão da realidade e de escolha da ação adequada. Mecanismos emocionais (como medo, fragilidade, ansiedade, entre outros aspectos) limitam a sua capacidade plena de percepção e entendimento do que precisa ser feito. Um aspecto que ajuda a compreender a delicadeza desse assunto é que a simples situação de ser um paciente significa uma probabilidade concreta de doença, que também significa risco à vida, ou seja, morte. É uma lembrança e um reflexo da finitude humana, que cognitivamente é facilmente entendida, mas emocionalmente é um fator que leva muitas pessoas ao desequilíbrio mental e emocional. O medo da morte é um dos aspectos mais delicados e difíceis de serem trabalhados na psique humana. Muitas vezes, ele pode causar até reações agressivas vindas dos pacientes. Isso não significa que seja justificável a falta de respeito de um paciente para com o profissional, mas esses fatores não podem ser ignorados. E, se efetivamente não são ignorados, fica mais fácil de lidar com sua existência, compreender suas causas, colocar limites amorosos e se engajar em uma forma de ajudar o paciente a ir além disso.

Um profissional de saúde – que escolheu estar neste lugar – tem o papel de dar suporte, tanto objetivo/técnico como emocional, para que o paciente possa se cuidar, pois não podemos esquecer que o principal responsável pela saúde de alguém é a própria pessoa. Entretanto, se o profissional não for capaz de atender essas dimensões necessárias, isso vai impactar negativamente a capacidade de reequilíbrio do paciente. Isso também pode envolver o relacionamento do profissional com a família do paciente, já que ela tem uma influência nesse processo de reequilíbrio. Além do profissional, a equipe que o acompanha tem um peso enorme na percepção do paciente e em ajudá-lo. Isso significa que, para que essa equipe – incluindo aqui o próprio profissional de saúde – entregue o seu melhor, ela precisa ter entre os seus membros uma relação de muito respeito, afinal, já vimos que só damos o que temos. Ou seja: para respeitar o paciente, os profissionais de uma equipe de saúde precisam praticar o respeito entre si.

Nesse contexto, o respeito significa que o profissional e sua equipe farão o melhor para que possam entender e suprir as necessidades específicas do paciente, tanto em aspectos técnicos – de orientação e tratamento –, como com aspectos emocionais e relacionais, com demonstrações de interesse, empatia e uma comunicação clara, não violenta, efetiva e positiva. Como o profissional de saúde e a equipe escolheram se colocar nesse lugar de suporte ao restabelecimento do equilíbrio do paciente, eles precisam estar devidamente capacitados e manter a intenção positiva, sustentando assim um comportamento coerente com essas dimensões necessárias.

Dois exemplos que muitas vezes geram uma percepção de falta de respeito do profissional pelo paciente são: atrasos não justificáveis, por falta de compromisso do profissional com a pontualidade (e não por fatores imprevistos), e falhas no atendimento e cuidado de maneira geral, por falta de um relacionamento mais humano do profissional, que demonstra frieza, distância e desinteresse em sua comunicação.

Em contrapartida, cabe também ao paciente respeitar essa relação, ouvindo com atenção e tratando a todos bem, com uma comunicação não violenta e positiva, remunerando-os adequadamente (quando falamos do setor privado), seguindo as orientações e perguntando sempre que tiver qualquer dúvida, formando assim uma parceria. Dar o devido valor ao profissional e à sua equipe é um ato de respeito, fundamental para que o relacionamento seja positivo – lembrando sempre que é dando que se recebe.

O terceiro campo aqui para estudo e reflexão, e que impacta nos dois anteriores, é o respeito dentro da estrutura do sistema de saúde e seu acesso pelas pessoas. Esse tema é bastante amplo e envolve muitos aspectos, como o relacionamento entre os profissionais, a forma como eles são remunerados, o papel e a remuneração das empresas que fazem a intermediação dos serviços, o Sistema Público de Saúde, a existência adequada de recursos – hospitais, equipamentos, medicamentos etc. – e profissionais, entre muitos outros.

Como um organismo vivo, cada uma dessas partes e suas interações devem ser conduzidas pelas Sete Leis do Respeito. Afinal, estamos falando de pessoas. Um sistema desequilibrado vai gerar doença em vez de saúde. A questão econômica costuma ser um dos principais desafios para o equilíbrio do sistema, impactando o acesso das pessoas, o tempo em que receberão um atendimento, a qualidade do atendimento, entre outros. Criar um sistema justo e que atenda a todos é um desafio global. Só com o resgate da humanidade (em cada empresário, gestor, membro do governo responsável, profissionais de saúde e todos que atuam no sistema) é que encontraremos uma forma adequada de atender a todos que precisam.

Além do aspecto econômico, e em parte influenciada por ele, temos uma lógica que domina o sistema, que é a de que o foco principal é o de tratar da doença e não o de manter a saúde. Assim acabamos por ter uma energia desproporcional voltada a "recuperar" a saúde ao invés de mantê-la. Há muito tempo se fala em programas de prevenção, mas os resultados ainda estão muito aquém do necessário. Essa é uma questão difícil, pois exige adesão das pessoas (o que significa dar importância e se comportar coerentemente), mas o sistema precisa efetivamente exercer seu papel e sua responsabilidade, o que significa inclusive direcionar uma parte significativa da remuneração dos agentes para isso. Só assim poderemos ter a transformação necessária e criar condições de saúde para todos.

O agir com respeito de cada parte vai proporcionar um conjunto respeitoso. Por exemplo, é preciso cuidar do cuidador, ter uma sincera preocupação com cada profissional de saúde, para que ele tenha o que dar. Isso vai possibilitar que se estabeleça uma referência positiva e um estímulo para que ela se espalhe por toda a estrutura de saúde.

A equação não é tão simples, mas o caminho é dar a devida atenção a cada um desses fatores, pois o descuido gera consequências negativas e desrespeito ao paciente e a todos os envolvidos. Um mecanismo comum, mas que deve ser evitado, é o de procurar culpados e criar mais divisão. Entender a responsabilidade de cada parte e todos assumirem seu papel específico contribui muito para aumentar o respeito e para encontrar soluções efetivas. Lembrar do objetivo comum de restabelecimento e manutenção do equilíbrio e bem-estar dá a liga necessária para que os envolvidos atuem com respeito e beneficiem a todos. Aí podemos brindar: saúde!

23.
Respeito, consumo e investimento

"Você respeita o consumo ou consome o respeito?"

Difícil encontrar algo mais importante e que traga mais impactos para você e para o mundo do que o consumo. Aquilo que você consome tem efeitos na qualidade de vida, saúde, bem-estar, enfim, em tudo. Consumo é a porta de entrada para uma série de consequências no mundo e também na nossa vida pessoal. Então, é um tema fundamental quando estudamos o respeito, tanto na esfera individual quanto na coletiva.

Se você consome algo que te faz mal, age com desrespeito consigo mesmo. Isso não faz sentido, mas é assim que muitas vezes agimos. Essa contradição precisa ser estudada. Pode ser que você consuma mais do que tem dinheiro para pagar. Nesse caso, terá prejuízo. Esse é um ato de violência consigo mesmo. Se o seu padrão de consumo exige uma quantidade excessiva e/ou uma forma negativa de trabalho, isso também é um desrespeito.

Algumas perguntas fundamentais para te guiar são: "Por que eu consumo? A serviço do que está o consumo em minha vida?". Muitas vezes, não temos consciência do que nos move a comprar e/ou utilizar determinadas coisas, e acabamos consumindo de maneira automática; vamos no que é mais fácil, sem refletir a respeito, pois esse é o padrão da sociedade que aprendemos a reproduzir. E, sem fazer essas reflexões, nossas ações acabam sendo baseadas nas influências que recebemos em nossas relações, pelos meios de comunicação, nas mídias. Por isso, é muito importante que você entenda por que consome cada coisa.

Um ponto a ser bem observado é o que nos leva a consumir, ou seja, o propósito. Ele está voltado para o cuidar e viver melhor? Ou ele satisfaz uma carência, um desejo negativo – aquele que vai te fazer mal? Por exemplo, a gula é a materialização de um desejo que vai afetar o corpo. É um prazer momentâneo, mas que gera consequências negativas. E o problema não é o prazer, porque o prazer é um direito de todo ser humano, e não há nada de errado com isso. O problema é quando ele vem desequilibrado e gera algo negativo. Como já apontamos, muitas vezes a diferença entre um remédio e um veneno é a dosagem e o momento em que é aplicado.

Essa consciência do que te move a consumir é central para o respeito. É fundamental na esfera pessoal, para ter uma vida melhor, mas ganha uma importância ainda maior quando pensamos na esfera coletiva, no mundo em que vivemos e em como ele está estruturado, com as relações de consumo como base para o sistema econômico predominante, o capitalismo. Quando compra e consome algo, você coloca dinheiro nisso, acionando toda uma cadeia de decisões por conta da produção e logística necessárias para que aquele produto seja consumido.

Se você compra uma maçã, injeta dinheiro e energia naquele supermercado que a vendeu, naquele transportador que a levou até o supermercado. Não apenas neles, mas também no produtor que plantou a maçã, no funcionário dele que colheu a maçã, na loja de produtos agrícolas que vendeu produtos à produção, no contador que atende aquela empresa e assim por diante. São muitos os desdobramentos da simples compra de uma maçã. Isso vale também para a compra de celulares, computadores, carros, armas, drogas, enfim, para qualquer coisa. Quando você exercita o ato de compra, a decisão de colocar o dinheiro em determinado produto alimenta toda uma cadeia.

Isso significa que, se você quer cuidar de si mesmo e do outro, fazer com que o respeito prevaleça em sua vida e na de todos, precisa conhecer e avaliar a cada compra o que está alimentando. Embora você possa ter um certo trabalho com isso, porque as informações nem sempre estão facilmente disponíveis, é importante que atue para ter consciência de todos os que estão envolvidos e de suas implicações. Se vai comprar um produto de uma empresa, procure observar se ela tem práticas positivas, por exemplo, que respeitem as pessoas, a sociedade, a natureza e se desenvolve positivamente a comunidade onde atua. Hoje em dia, temos todas as práticas de ESG (sobre as quais falaremos em um capítulo específico mais à frente) que são fundamentais e devem ser empregadas no nosso processo de avaliação de que produto comprar. Isso é uma atitude de respeito.

Em contrapartida, se você consome uma roupa que foi feita com trabalho análogo à escravidão, fruto de uma exploração para possibilitar um preço final mais baixo, alimenta essa cadeia negativa. É como se você afirmasse na prática que o que importa é pagar menos, e não se isso vai gerar sofrimento aos outros. Trata-se de uma atitude desrespeitosa.

Então, veja a força que o consumo tem para tornar o mundo melhor ou pior. Viver com respeito é ter essa consciência e agir para que seu dinheiro leve respeito a todos. É dizer sim para aquilo que é fruto de ações respeitosas e dizer não para aquilo que é fruto de ações desrespeitosas. Mas, como nós vimos, é preciso buscar informação, se capacitar para entender o que é cada coisa, qual é a realidade, e aí poder decidir e agir adequadamente.

Ainda em relação ao consumo, um aspecto muito importante, para além do que, é o quanto é consumido: se for mais do que precisa, faz mal para si e para todos. Hoje vivemos uma realidade em que a utilização dos recursos naturais é maior do que a capacidade da natureza se renovar, e isso gera muitas consequências. É um grande desrespeito consigo mesmo, com as pessoas que vivem hoje, e também com as que ainda vão nascer e viver – as próximas gerações.

Essa consciência precisa acontecer e gerar comportamentos alinhados. Hoje já geramos uma quantidade absurda de lixo, o que desrespeita a harmonia no planeta. Ao utilizar de maneira inadequada um produto, por exemplo, dispensando o óleo de cozinha pelo ralo, contaminando as águas, você está gerando problemas. A questão da reutilização dos produtos, da logística reversa, do quanto se aproveita as coisas até o fim, do uso e destinação das embalagens (lembre-se das sacolas plásticas) são importantes para o consumo e para o respeito.

Podemos sintetizar tudo isso na ideia de que o respeito no consumo exige uma escolha interna firme: entender os impactos e agir para que todas as pessoas e todos os seres – não apenas humanos, mas também animais, vegetais etc. – sejam cuidados. E como acontece com todos os aspectos da consciência, quando você efetivamente se compromete com esse propósito de trazer o respeito para o seu consumo, passa a agir a partir dele e desenvolve efetivamente o respeito à natureza, à vida, a si mesmo e a todos – e isso faz com que se sinta empoderado, exercendo seu papel de forma adequada. Ou seja: respeitar o consumo é uma forma de estar em paz consigo e com todos.

Respeito e investimento

A mesma lógica que vimos em relação ao respeito no consumo se aplica na questão dos investimentos. Quando investimos nas ações de uma determinada empresa, financiamos um empréstimo ou alguma forma de alavancagem financeira, alimentamos um negócio que vai gerar uma série de consequências e que também vai alimentar outros negócios, estamos impactando de forma positiva ou negativa a sociedade e o mundo, mostrando respeito ou a falta dele.

Isso significa que a análise de qualquer investimento não deveria ser feita apenas em relação a risco e retorno financeiro. Óbvio que, quando investimos, queremos e merecemos ter um retorno, já que o dinheiro é um recurso e deve ser remunerado, pois assim funciona a economia. Mas usar esse dinheiro de maneira respeitosa significa colocá-lo na direção do cuidado, do se importar com as consequências que ele vai gerar nas pessoas, no meio ambiente, nos animais etc. Afinal, você é o responsável pelas consequências, já que foi sua escolha colocar o dinheiro em determinada opção. Isso exige conhecimento. É preciso buscar saber para onde efetivamente vai esse dinheiro. Se o investimento é feito em um fundo financeiro, por exemplo, procure investigar o que ele financia. Não cabe colocar seu dinheiro em uma aplicação que o banco ou um agente financeiro te recomendou apenas porque dá um bom retorno.

Existem hoje iniciativas muito interessantes que já trazem uma visão do investimento com respeito, por exemplo, os investimentos ou negócios de impacto, que vão trazer benefícios para a sociedade. Existem empresas realmente alinhadas com o ESG – que seguem essa cartilha e merecem o investimento. Para isso, precisamos avaliar quais são as reais intenções e ações da empresa que receberá o nosso dinheiro. Tudo isso ajuda a tornar o mundo melhor, pois esse é o foco do investimento consciente ou, em outras palavras, respeitoso.

Também existem empresas ligadas a movimentos que buscam esse respeito, como as vinculadas ao Sistema B ou ao Capitalismo Consciente, que não colocam apenas o lucro como foco do negócio. Esses são apenas alguns exemplos de empresas, negócios e ações vinculadas a um propósito positivo, que estão cuidando e que se importam com as pessoas, o meio ambiente, os animais e o todo. Ou seja: ao se informar e investir de maneira mais consciente, você contribui para um círculo respeitoso e virtuoso, beneficiando a todos.

24.
Respeito e a empresa

"Respeito é a base para a construção de união, engajamento, inovação e performance na empresa."

As empresas têm um papel fundamental na vida em sociedade, pois geram bens e serviços que impactam nossa sobrevivência e qualidade de vida. Afetam também a renda, o tempo de trabalho e de descanso, o acesso à saúde e tantos outros aspectos da vida das pessoas (e de suas famílias) que nelas trabalham ou fornecem. Hoje, a nossa dependência das empresas é quase total e isso traz uma enorme responsabilidade para elas – o que, por sua vez, traz um grande peso às decisões tomadas por seus líderes e suas consequências.

O tema respeito dentro da empresa é bem amplo e envolve cada uma de suas áreas e processos, como gestão de pessoas, gestão financeira, marketing, em vendas, logística, produção/operação etc. Transparência, veracidade, intencionalidade positiva e honestidade são fundamentais em tudo.

Neste livro, o tema do respeito na empresa é tratado em diversos capítulos e partes, como no Mapa do Respeito no Trabalho e/ou na Empresa; no Respeito, Consumo e Investimento; no Respeito e a Liderança; no Respeito, Compliance e ESG; no Respeito na Comunicação, entre outros.

O objetivo deste capítulo é dar uma visão geral do tema, lembrando que uma empresa é feita de pessoas e que o respeito só acontece se as suas pessoas agirem a partir dele. Assim, para ter sua atuação adequada e agir com respeito, cuidado, consideração, de maneira positiva, a empresa precisa estar conectada com o seu propósito (intencionalidade), com a sua missão – que, para além do objetivo de apenas ganhar dinheiro, é servir a sociedade.

Um dos maiores desafios de uma empresa é criar condições para que as pessoas que trabalham para ela deem o seu melhor e vivam bem, utilizando todo o seu potencial e de maneira perene. Para isso, é necessário cuidar das pessoas e de tudo que as envolve. Entretanto, na prática, isso ainda é pouco comum, pois, de maneira geral, vivemos em um ambiente (dentro e fora de uma organização) com muito desrespeito, seja consciente ou inconsciente.

Por exemplo, na gestão de pessoas, uma grande de falta de respeito em uma empresa é quando uma pessoa é demitida sem saber com clareza a causa dessa demissão. Como essa pessoa pode melhorar e aprender com o que aconteceu se não entende o que a fez perder aquele trabalho? Isso abre espaço para muitos sentimentos negativos e de injustiça. Uma empresa/líder que faz isso não está cuidando adequadamente de suas pessoas. Mas isso não significa que é na hora da demissão que ela deve ser informada. Na verdade, isso já teria que ter ficado claro a partir de vários feedbacks dados pelo seu líder, mostrando o que estava acontecendo com a sua performance, o que era esperado, o que ela tinha que fazer, e se assegurado de que ela tinha entendido. Isso é tratar as pessoas com respeito.

O desenvolvimento de uma cultura do respeito, que traz um enorme poder, é a resposta a ser buscada por toda empresa. E é possível ver ações e temas que já são tratados nesse sentido, pois se relacionam diretamente com respeito, como segurança psicológica, inteligência emocional, comunicação não violenta, humanização, compliance, ESG, organizações TEAL, Capitalismo Consciente, Sistema B, entre muitos outros. É preciso ampliar a adoção dessas iniciativas, tendo o respeito como base do processo de compreensão da realidade e direcionador de todos os processos decisórios.

Quando falamos sobre respeito na empresa, também não nos limitamos ao entendimento de seguir uma regra, obedecer a uma posição hierárquica ou ter um determinado comportamento. Respeito é se importar com as pessoas (todas elas) e agir coerentemente; é alimentar a espontaneidade, a criatividade, o trabalho em equipe, a DE&I – Diversidade, Equidade e Inclusão, o combate ao assédio, a liderança inspiradora etc. É a base para a construção de união, engajamento, inovação e performance na empresa, trazendo a necessidade de uma transformação no olhar e nas escolhas.

Na empresa também notamos que a maioria das pessoas acredita que quase sempre respeita, o que já vimos que não se reflete na realidade. Essa crença acontece devido a uma percepção limitada da realidade

– já que não se percebe ou se admite o seu próprio desrespeito. Mesmo sem respeitar, muitos afirmam (e até acreditam) que respeitam, sendo essa uma forma de sustentar uma imagem perante o outro, sem assumir a real autorresponsabilidade por suas ações. Por isso, devemos trazer uma compreensão ampliada do respeito para todos na organização, pois sua existência propicia a confiança e uma boa relação entre as pessoas, sendo determinante na dedicação de todos para os fins da empresa.

Um desafio geral é que quase todas as empresas são criadas com objetivos basicamente econômicos, de gerar recursos, patrimônio e sobrevivência para aqueles que as criaram. Essa é a lógica mais comum, mas que traz na origem um vício, uma deturpação do propósito da empresa, correndo o risco de, na prática, não ter as pessoas e o respeito como prioridades.

Isso não significa que uma empresa não deva ganhar dinheiro. É fundamental que ela tenha lucro, senão não sobrevive. Podemos entender inclusive que é uma falta de respeito dos gestores com a própria empresa, bem como com os acionistas, funcionários e fornecedores, se ela não der lucro. Uma empresa que não dá lucro provavelmente vai deixar de existir, e isso trará uma série de consequências.

Mas esse não pode ser o único ou principal objetivo – e isso não é só um jogo de palavras para causar um efeito positivo, para sair bem na foto. É importante ter lucro, mas muito mais necessário é ter respeito às pessoas e à missão da empresa. O lucro deve ser uma consequência.

Se uma empresa está realmente conectada em fazer o bem e o bom, se se importa e cuida das pessoas, gera as bases para que todos que trabalham e se relacionam com ela tenham a referência de que o respeito é fundamental.

Por exemplo, se pensarmos em uma empresa que tem como missão ajudar as pessoas a ter uma melhor saúde, colocá-la em prática significa que as decisões e as ações de todos estarão voltadas para realizar essa missão, inclusive com as pessoas que trabalham dentro da empresa (para ser coerente e entregar mais e melhor). Isso vai impactar a inovação, o desempenho, a gestão; tudo será feito com o objetivo de entregar mais saúde para as pessoas. Essa empresa vai ter medidores de performance vinculados à saúde das pessoas que atende para saber objetivamente se foi capaz de cumprir a sua missão. Essa conduta é uma manifestação clara de respeito, de conexão, algo que vai fazer bem para as pessoas – e que foi originalmente definido como objetivo da empresa. E isso não elimina ou substitui a importância de ter indicadores financeiros saudáveis.

Essa é a mesma lógica de conexão já foi abordada neste livro em relação ao autorrespeito, que ocorre quando uma pessoa efetivamente cumpre a sua missão pessoal ou propósito de vida. Na empresa, que é feita de pessoas, também há uma profunda relação entre a conexão com missão e o respeito, que é o que dá suporte a uma cultura do respeito, onde se valoriza e se age a partir dele.

Junto, ou como parte da missão, o respeito depende da consideração da empresa com as pessoas – colaboradores, clientes, fornecedores, famílias, comunidade. Engloba ainda respeito com a sociedade como um todo, com o governo e com o meio ambiente. Pagar impostos, seguir as leis, dar condições de trabalho adequadas, estabelecer relações equilibradas com os fornecedores e com os clientes são alguns dos exemplos do respeito na prática. Isso também envolve buscar os melhores processos, utilizar materiais de qualidade, ter um desenvolvimento que permita usar da melhor forma possível e de maneira sustentável as matérias-primas. Enfim, ter o respeito como referência das escolhas e processos decisórios é o que faz diferença.

Se o respeito é uma escolha, os líderes e gestores têm de estar fortemente imbuídos do seu entendimento. Respeito exige consciência, e é a base para a performance, em todos os sentidos. Infelizmente, em algumas empresas, os líderes parecem acreditar que algumas ações desrespeitosas geram melhores resultados, como nos casos de corrupção, distorção contábil, falta de alinhamento com normas sanitárias, assédios, descumprimento de legislações ambientais e muitos outros exemplos negativos que, mais cedo ou mais tarde, podem trazer enormes prejuízos para a empresa.

Outra situação que favorece a falta de respeito é quando o foco da empresa é excessivo na obtenção de resultados, com uma contrapartida em termos de remuneração aos seus principais executivos. Isso pode influenciar negativamente as escolhas de forma a beneficiar prioritariamente os bônus sem o devido cuidado com as consequências. Temos alguns exemplos disso no mercado.

Em minhas aulas sobre ética e respeito a executivos e líderes, faço algumas perguntas sobre ações de falta de ética e respeito que os próprios alunos já tiveram nas empresas em que atuam ou que viram de perto, como forma de encarar a realidade, compreender o que os motivou a isso e como pode ser transformado, a partir da ampliação da consciência das suas causas e consequência, inclusive para quem as comete.

Seguem alguns exemplos obtidos nesta pesquisa: uso pessoal de recursos da empresa (como impressora, carro, materiais, sem autorização); não dar o crédito para uma ação realizada por um colega; não se engajar ou ajudar em um projeto; falar mal do líder ou de um colega para outra pessoa; vazar informações estratégicas; acessar e-mail de outra pessoa, sem autorização; fazer vista grossa e ou mascarar erros; chegar atrasado com frequência; superfaturar nota de reembolso; alterar o tom de voz com outra pessoa da empresa; prometer coisas e não cumprir; assediar colaborador; favorecer um fornecedor devido ao recebimento de vantagens pessoais; promover uma pessoa, em detrimento de outra, sem critério objetivo; expor os erros de um colaborador na frente dos outros, de forma constrangedora; dirigir o carro corporativo após ingerir bebida alcoólica; não reconhecer as próprias falhas e culpar os outros; não relatar casos de corrupção ou informações inverídicas; convencer o cliente que um determinado produto é melhor para ele, quando na verdade não é; entre muitos outros.

Não existe uma forma única, mas é preciso estudar como criar um ambiente que favoreça a tomada de decisão respeitosa e equilibrada. E como o desenvolvimento de uma cultura do respeito sempre passa pela liderança, é necessário que ela entenda a importância do respeito e dê o exemplo. Vamos nos aprofundar sobre esses aspectos no próximo capítulo. Também traremos alguns itens que ajudam no desenvolvimento de uma cultura do respeito na empresa no último capítulo do livro.

25.
Respeito e liderança

"Que a integridade, a autorresponsabilidade, a gentileza, a intenção positiva, a união, a verdade, a humanidade, o respeito e todos os valores humanos nos liderem."

Ser um líder traz uma grande responsabilidade. Líder é aquele que tem seguidores, e, portanto, o que gera uma responsabilidade quanto àquelas pessoas, pois possui uma influência sobre elas – aquilo que disser vai impactá-las. Uma liderança com respeito é aquela que busca efetivamente cuidar. Nesse caso, o líder se importa e busca fazer com que sua influência tenha um impacto positivo sobre os outros, pois ele quer ver os seguidores felizes, ajudá-los a encontrar aquilo que é importante para eles, que vai trazer bem-estar, saúde, alegria, equilíbrio, entendimento, engajamento. Essa responsabilidade é fundamental e traz também um peso, uma necessidade de ampliação da consciência, porque é preciso entender como esses seguidores serão impactados.

Como em todos os tópicos, as Sete Leis do Respeito são fundamentais para que o líder possa exercer adequadamente a sua liderança. E estamos falando de todo tipo de líder – na empresa, em uma comunidade, na sociedade, dentro de uma casa, dentro de um time, entre outros. O líder sempre é um papel que tem a ver com influência, ou seja, com direcionar e impactar o outro para, por exemplo, fazer determinada coisa, ter uma atitude, repensar um hábito etc. Essa influência existe em todas as interações humanas, podendo variar de intensidade. Mas além dessa dimensão voltada para os outros, há também um aspecto fundamental que é a autoliderança, ou seja, ser capaz de se liderar. Ser capaz de tomar as melhores decisões, que vão trazer felicidade para ele e para as pessoas ao seu redor – porque não conseguimos ser felizes sozinhos. A felicidade não pode ser alcançada de forma egoísta, pois tem essa dimensão de ser algo compartilhado. Claro que existe uma esfera individual da felicidade. Porém, isso não basta. Fica difícil uma pessoa se sentir bem vendo as outras infelizes – especialmente aquelas mais próximas. E o que ajuda a deixar as pessoas próximas mais felizes é o respeito. A felicidade, portanto, é o resultado das ações guiadas por meio do respeito, do amor, da ética – é como se ela fosse o perfume de uma flor.

Uma reflexão importante é: como você pode levar alguém para um lugar sem nunca ter ido antes? Fica difícil. A autoliderança é conseguir chegar a esse lugar e, para isso, você vai precisar entender do que precisa, quais são suas resistências e medos, como e para quem você pode pedir ajuda, enfim, tudo o que te coloca na melhor direção. Desse lugar, você vai poder ajudar as pessoas a trilhar o mesmo caminho.

A melhor coisa que um líder pode fazer por seus seguidores é procurar ser feliz. O objetivo da autoliderança é esse. Nada melhor do que ser um exemplo de felicidade. Se o líder está feliz, ele vai gerar felicidade. Se está infeliz, a sua tendência é gerar infelicidade, mesmo que conscientemente não queira, pois fica difícil sustentar a intencionalidade positiva de forma perene. Ou seja: a felicidade do líder é algo fundamental para todos. Como estamos falando de felicidade, é importante não confundi-la com padrões e condicionamentos que muitas vezes são vendidos com a embalagem da felicidade. A verdadeira felicidade não tem nada a ver com controle, opressão, supremacia, manipulação. Felicidade é paz, tranquilidade, autorrealização, respeito, serviço. Um líder que encontra essa felicidade só pode fazer o bem e o respeito é um insumo e ao mesmo tempo um resultado dessa felicidade.

Isso traz uma necessidade de um compromisso efetivo com o autodesenvolvimento. O líder precisa constantemente se dedicar a se conhecer e se desenvolver. É necessário que ele possa entender melhor a si mesmo, o que funciona e o que não funciona, ampliando a sua percepção para poder servir de exemplo. Parte importante desse autodesenvolvimento no líder é a clareza de seu propósito, que, como já vimos, é a compreensão daquilo que veio fazer neste mundo. A clareza do propósito é algo que traz plenitude, nos faz sentir que ocupamos nosso lugar. Sem o propósito, você não consegue saber qual deve ser o norte das suas decisões, das suas escolhas. E o verdadeiro propósito nunca é egoísta, nunca pensa em beneficiar apenas a si mesmo.

De um bom líder sempre é esperado protagonismo e vulnerabilidade. Por um lado, ele deve tomar a atitude que tem de ser tomada, assumir a responsabilidade, inclusive quando as coisas não vão bem. Por exemplo: um líder que culpa a sua equipe por alguma falha no resultado, principalmente frente a outras pessoas, mostra uma falta de autorresponsabilidade e de respeito, pois se ele tem influência sobre as pessoas, é o principal responsável pelo resultado. Entender e agir a partir dessa lógica é sinal de maturidade e respeito. Por outro lado, já que ele é um exemplo, e é humano, é importante que mostre a sua vulnerabilidade, ou seja, que, por ser igual a todos, ele tem sentimentos, acerta, erra, tem bons momentos, tem maus momentos, como qualquer um. Esse exemplo de humanidade traz igualdade e permite relações mais autênticas, pautadas na verdade e na realidade.

Outra característica fundamental em uma liderança com respeito é falar a verdade. Ser honesto, apresentar aquilo que é, os fatos, não usar de interpretações tendenciosas e distorções da realidade para fazer com que a influência leve as pessoas para um determinado lugar, ou para determinadas ações com base em julgamentos e distorções. O líder deve estar sempre conectado com seu propósito e ter muita atenção às suas intenções para que sejam positivas, lastreadas na verdade, preocupadas em fazer o bem e o bom para todos. Já que está nesse papel, ele entende o que acontece com as pessoas que o seguem e fala com elas de maneira adequada e autêntica. Isso vale principalmente quando é uma liderança formal, ou seja, quando a pessoa tem um papel formalizado de responsável por alguém.

Os pais têm essa responsabilidade em relação aos filhos, até pelo menos determinada idade. O líder de uma empresa, de uma comunidade, também tem essa responsabilidade de dizer aquilo que vê, de procurar ajudar as pessoas, por meio do feedback, a se conectarem mais com seu próprio propósito, a desempenharem melhor as suas competências, a irem buscar aquilo de que precisam para poder ter uma performance melhor, mais conhecimento, mais entendimento. Tudo isso exige que o líder tenha inteligência emocional, que possa entender as suas emoções, lidar com elas e não se deixar influenciar por emoções negativas.

Os sete passos da jornada do líder rumo ao respeito

Se quisermos sistematizar as características de uma liderança adequada, podemos dizer que são sete passos que ajudam o líder a agir com respeito. Agir de uma maneira que vai efetivamente influenciar de forma positiva, antes de tudo a si mesmo e, consequentemente, aos outros, tanto pela autoliderança como pela liderança.

O primeiro passo é ter competência adequada de conhecimento, habilidades e atitudes. Exige uma busca por ser competente, ter (ou desenvolver) as características que vão ajudá-lo a desempenhar a liderança e as atitudes necessárias para que essa liderança seja positiva. Uma das competências fundamentais necessárias é a atenção, ou foco, que dá suporte ao desenvolvimento de praticamente todas as outras.

O segundo passo é se conhecer bem. Autoconhecimento é o que dá o ferramental necessário para entender e direcionar as suas decisões em busca da melhor performance – seja para si mesmo ou para o grupo. O autoconhecimento pede que se desenhe um mapa de como as coisas acontecem dentro, que se dá pela auto-observação e pela atenção, e depois que se saiba usar o mapa para chegar às melhores escolhas. E as escolhas de um líder têm grandes e significativos impactos, como vimos.

O terceiro passo é conhecer os outros e a realidade. Como as decisões do líder precisam levar em conta o contexto e o repertório das outras pessoas que vão ser envolvidas e vão também contribuir para aquilo que foi decidido, é fundamental que o líder entenda a realidade da maneira mais ampla possível e saiba identificar as características e necessidades de seus liderados. Com isso, ele tem uma base para poder tomar as decisões adequadas e atingir objetivos positivos para todos, respeitando a própria realidade.

O quarto passo é a conexão com o propósito e o positivo. Velocidade sem direção não traz boas consequências. O líder precisa ter clareza de qual o seu propósito. O que, efetivamente, o estimula a dar o seu melhor. Qual é a fonte e a direção que o faz se conectar consigo mesmo. E esse propósito sempre é algo positivo, que gera consequências positivas para ele mesmo e para os outros. Essas são as condições para que ele viva e seja um exemplo de felicidade.

O quinto passo é o conhecimento e a conexão com os outros propósitos. No terceiro passo, o líder conhece os seus liderados e as suas necessidades. No quinto passo, ele vai além de simplesmente conhecer, ele se conecta com a maior necessidade que cada pessoa tem, que é o seu propósito. Essa conexão amplia a percepção do significado que a vida tem para o outro. E, desse lugar, ele é capaz de tomar as suas decisões, que incluem o que todos precisam e que estimula o melhor de cada um. Aqui também entra o conhecimento e a conexão com o propósito da empresa, se for o caso, ou de um determinado grupo, governo ou sociedade, mostrando um profundo respeito por cada parte envolvida.

O sexto passo é colocar em prática quatro valores fundamentais: criatividade, integridade, autorresponsabilidade e gentileza. A partir dos passos anteriores, o líder precisa se valer desses quatro valores ou ferramentas que vão possibilitar que atinja melhores resultados. Começa com a capacidade de inovar, criar, encontrar novas soluções, estar aberto para algo novo. Isso deve estar conectado com uma postura responsável, de se colocar como aquele que dá causa e que precisa ser o protagonista, o agente, sem condicionar a sua ação ao outro. Junto com a autorresponsabilidade, ele deve ser íntegro, alinhando seus pensamentos, sentimentos, palavras e ações, que trazem uma força tremenda de realização, pois não se gasta nenhuma energia que não seja para aquilo que precisa ser feito. É um, uno, íntegro. E por último, é preciso que o líder seja gentil consigo e com os outros. A gentileza gera gentileza e é uma das fragrâncias do respeito.

O sétimo passo é estar em constante evolução. A única certeza que nós temos é que vai haver uma mudança. Mudar nos traz a oportunidade de evoluir, de crescer. É se construir, se desconstruir, se construir novamente. É o líder ter coragem e estar efetivamente engajado no seu autodesenvolvimento e no desenvolvimento de todos.

Com esses sete passos, o líder pode ter uma atuação realmente significativa, de quem cuida, se importa, ajuda. Esse líder consciente do seu papel pode efetivamente tratar a si mesmo e a todos com respeito. Essa liderança nunca foi tão necessária como agora, dentro das empresas e em toda a sociedade.

26.
Respeito, compliance e ESG

"O desenvolvimento do respeito é o remédio para todo os tipos de males que acometem uma organização ou uma sociedade, da falta de sustentabilidade ao assédio."

ESG é uma das claras manifestações do respeito em uma organização. É uma sigla que busca a integração dos objetivos financeiros com as questões ambientais, sociais e de governança corporativa de uma instituição ou empresa. Ela traz diversos padrões e boas práticas para que a organização possa agir de forma consciente, sustentável e com responsabilidade, além de possibilitar a mensuração de seu desempenho nesses aspectos.

"E" significa o meio ambiente (environment, em inglês), com todos os aspectos que o impactam; "S" são os aspectos sociais; e "G", os aspectos ligados à governança corporativa. Há muitos aspectos ambientais a serem abordados, como os impactos que uma organização gera em termos de mudança climática, uso de recursos, gestão de resíduos, uso de fontes de energia renováveis, poluição, impacto nos animais, entre muitos outros que afetam a vida e o ambiente. Falamos mais sobre alguns desses aspectos no capítulo Respeito e a Natureza.

No "S", temos tudo aquilo que impacta as pessoas: o trabalhador (seus direitos, saúde, segurança, turn over, etc.), a comunidade, a sociedade, os clientes, em todos. E o "G", a governança, tem a ver com o direito dos acionistas, como se dá o processo decisório interno – a tomada de decisão na organização, a questão da gestão dos riscos e seus impactos, a transparência fiscal, todos os aspectos ligados ao combate da corrupção e muitas outras. Tudo isso está dentro do guarda-chuva do ESG.

ESG é um desdobramento e um compromisso relacionado à responsabilidade social e à sustentabilidade. Responsabilidade social é uma forma de atuar e conduzir a gestão da empresa de maneira consciente das necessidades e corresponsável pelo desenvolvimento social. A organização busca assim compreender as necessidades de cada parte que impacta. Essas partes são chamadas pelo termo em inglês stakeholder – acionistas, colaboradores, fornecedores, clientes, famílias, comunidade local, meio ambiente, governo e sociedade – e planejar suas ações e agir a partir delas, indo além do objetivo de satisfazer apenas os seus compromissos financeiros. A responsabilidade social pode ser vista como um desdobramento da ética, pois ela só é possível pela ampliação da consciência e aceitação da efetiva responsabilidade das empresas pelo que acontece com as pessoas e a sociedade em geral. Assim, ela está diretamente relacionada ao conceito de sustentabilidade, que pode ser traduzido como ações que atendem às necessidades do presente sem comprometer a possibilidade de as gerações futuras atenderem as suas próprias necessidades – o que se reflete, por exemplo, na boa gestão dos recursos utilizados para deixar os mesmos ou mais para as gerações futuras. Então, podemos afirmar que a responsabilidade social e a sustentabilidade são desdobramentos da ética e do respeito, atuando com equilíbrio e pensando no bem e no bom para todos.

Embora estejam interrelacionados, os conceitos de sustentabilidade e ESG têm diferenças. A sustentabilidade é uma visão mais ampla, sistêmica e complexa que busca o desenvolvimento sustentável, e que tem como uma referência os 17 Objetivos de Desenvolvimento Sustentável (ODSs), definidos pela Organização das Nações Unidas (ONU). Existe sustentabilidade quando efetivamente a sociedade e o meio ambiente são positivamente impactados. Já o ESG está voltado a traduzir as ações desejáveis da organização em um conjunto de práticas, que incluem fatores ambientais, sociais e de governança, para que a sustentabilidade aconteça. Isso inclui definir e acompanhar medidas de desempenho e responsabilização (accountability). Assim, o ESG pode produzir orientação e evidências sobre a atuação de uma organização rumo a um modelo de negócio sustentável.

Tudo isso existe para encontrar um equilíbrio e para permitir que as pessoas e suas empresas atuem a partir do respeito à vida. Pode parecer banal, mas nada é mais importante do que a vida. Muitas vezes não a reconhecemos como a dádiva que ela é. Respeitá-la significa colocar a atenção, os pensamentos, os sentimentos, as palavras e ações no sentido de valorizar a própria vida e a de todos os seres. A vida como acontece hoje é fruto das decisões de ontem e de hoje, bem como a vida que acontecerá amanhã também vai depender das decisões de hoje – sempre sob o impacto das anteriormente tomadas. O ESG pode também ser explicado como padrões, entendimentos e boas práticas que permitirão que uma empresa aja de maneira consciente, sustentável e corretamente gerenciada. Uma organização que atua a partir do ESG foca – leia-se "se importa ao tomar decisões" – em seus colaboradores, mas também nas outras pessoas e na sociedade. Foca no planeta, no uso dos recursos naturais, no impacto que causa, no processo decisório e nos resultados financeiros, para que sejam feitos e obtidos de maneira correta e justa. Tudo isso também necessita de uma conexão com o propósito positivo da empresa (e de sua liderança), ou seja, um propósito alinhado com o cuidado, com o se importar com a vida, com o respeito. Se o propósito for verdadeiro e positivo e a atuação for coerente com ele, a empresa vai produzir e gerar riquezas respeitando a vida.

Para se ter firmeza e uma atitude responsável, é preciso ter um propósito claro, pois, se há clareza e alinhamento dos motivos, será possível utilizar esse critério como base para as escolhas, repercutindo no processo decisório (como na governança) e nas ações. Estamos falando da intencionalidade positiva, primeira Lei do Respeito.

ESG é fundamental para podermos, inclusive, reverter um quadro muito negativo que vivemos hoje, em que não somos sustentáveis. Temos, por exemplo, uma crise climática, desafios relacionados aos oceanos e à desigualdade socioeconômica, no nosso país e no mundo. São muitas adversidades, que geram sofrimento nas pessoas atingidas (desrespeito), e que caminham para uma intensificação, atingindo ainda mais pessoas e de forma mais severa, caso não sejam enfrentados.

Então, ESG é algo fundamental nas empresas para que possamos encontrar equilíbrio e respeitar a todos. Isso tem muitos desdobramentos em como as empresas tomam as suas decisões. Por exemplo, é fundamental que uma organização – empresa, banco, fundo de investimento etc. – tenha como norte os critérios do ESG quando avaliar qualquer investimento – assim como as pessoas, tal qual vimos no capítulo sobre Respeito, Consumo e Investimento. Como isso se dá na prática? Ao olhar a necessidade de financiamento da organização, seja para aumentar a sua capacidade produtiva, iniciar um novo negócio ou projeto, os critérios do ESG devem ser utilizados para avaliar se esse investimento está alinhado com o respeito. Se o investimento em questão não estiver alinhado com ESG, não deverá ser realizado. Parte do mercado já exige essa forma de atuação, mas ainda há muito a ser feito.

Outro exemplo, pela sua importância, é que se deveria dar uma cadeira para a natureza nos conselhos de administração das organizações. O que significa isso? Ter alguém que representa de maneira fidedigna, com capacidade de entender o que é e como expressar as necessidades da natureza, para que todas as decisões a respeitem. Sem a natureza, não existimos. É preciso ouvir a voz dela dentro dos espaços que concentram mais poder nas organizações. O papel dessa pessoa, por exemplo, é o de acompanhar o impacto direto e indireto, atual e futuro, que a empresa vai gerar na natureza – da forma mais ampla possível, ou seja, em todos os elementos que a compõem.

Também é importante que haja consciência e respeito com os profissionais e empresas que atuam baseados na lógica do ESG. Como hoje nós vivemos em um mundo bastante complexo, e muitas vezes polarizado, há movimentos contrários ao ESG, ou seja, que negam ou subvalorizam fatos, como a desigualdade social e o impacto negativo à natureza. Muitas vezes, chegam até a atacar profissionais sérios que abordam as estratégias e toda lógica de ESG. Agir a partir dos princípios do ESG é agir com respeito às pessoas e à vida em geral.

Como em tudo, a ação deve ser verdadeira e conectada com a intenção. Infelizmente, algumas empresas utilizam a bandeira do ESG de maneira distorcida. Em inglês, são usados termos associados à palavra washing, que literalmente significa "lavagem". É o caso de greenwashing ou socialwashing, que poderíamos traduzir como "maquiagem verde" ou "maquiagem social", ou seja, revestir as ações com falas bonitas, mas que não se realizam na prática. É uma manipulação com o objetivo de se valorizar, melhorar a sua reputação e vender mais. É uma falta de respeito.

São muitos os temas dentro de ESG, mas, para uma reflexão inicial – que é o objetivo deste livro –, vamos refletir um pouco apenas sobre alguns deles, como compliance, tolerância, diversidade, equidade e inclusão.

Respeito, normas e compliance

Compliance vem do verbo em inglês to comply e significa agir de acordo com uma norma, regra ou instrução, seja interna (da empresa) ou externa (do mercado ou governo). Portanto, estar em compliance é estar em conformidade com leis e regulamentos internos e externos. No Brasil, muitas vezes falamos em programas de integridade como referência a estar em compliance.

Um programa de compliance envolve diversos aspectos, como: políticas, normas e procedimentos definidos; estrutura de compliance e ética; controles internos; monitoramento e auditoria; atividade de due diligence (processo de estudo, análise e avaliação detalhada de informações e documentos de uma empresa); mapa de riscos; educação, treinamento e comunicação; cultura de compliance (com suporte da alta liderança); canal de denúncias; resposta adequada às não conformidades (tendo investigação e atuação); entre outros. Compliance envolve respeitar esses aspectos e dá suporte para o item G (governança) no ESG. É um importante aliado para que o respeito aconteça dentro da empresa.

Compliance também tem o papel de verificar a conformidade da atuação dos colaboradores em relação ao Código de Conduta e Ética da organização. Esse código tem como objetivo estabelecer os princípios que devem orientar o comportamento das pessoas de uma empresa. Serve como uma referência, formal e institucional, para a conduta pessoal e profissional de todos, independentemente do cargo ou função que ocupem, de forma a se tornar um padrão de relacionamento interno e com os seus públicos de interesse (os stakeholders, citados anteriormente): acionistas, clientes, empregados, sindicatos, parceiros, fornecedores, prestadores de serviços, concorrentes, sociedade, governo e as comunidades onde atua. Busca orientar e reduzir a subjetividade das interpretações pessoais sobre princípios éticos.

Uma parte do crescimento de compliance nas empresas é uma resposta, uma consequência à falta de ética e respeito. Quanto mais desrespeitamos, mais a organização precisa controlar, monitorar e acompanhar para evitar que isso aconteça. Esse é um aspecto muito relacionado à moralidade, ao ato de seguir as regras. As normas de uma empresa precisam ser respeitadas. Isso permite um convívio saudável. O mesmo vale para a sociedade.

Muitos aspectos do ESG se tornam regras na organização, tendo a área de Compliance como guardiã da conformidade. Isso mostra a sua importância e papel estratégico. No entanto, é preciso fazer uma análise crítica, pois pode haver conflito entre uma norma e a ética ou o respeito. Por exemplo, em alguns locais no mundo há normas que permitem certa violência em relação à mulher, como uma limitação no seu espaço de expressão e no uso de determinadas roupas. Se olhamos simplesmente a regra, o aspecto moral diz que agir segundo as normas – nesse caso, com repressão – é a forma correta. Entretanto, isso não é respeito. Ou seja, embora precisemos estar conscientes das regras, o simples fato de observá-las e segui-las não garante o respeito. Assim, uma área de Compliance precisa trazer os questionamentos necessários e considerar as melhores práticas humanas como referência.

Respeito, diversidade, equidade e inclusão

"A existência de respeito permite perceber a unidade na diversidade e a diversidade na unidade, tanto individual quanto coletivamente."

Diversidade é pluralidade. É o diverso. E muitas vezes desafia a forma anteriormente entendida como correta ou a única possível. Entretanto, o respeito só acontece quando há diversidade, quando há aceitação das escolhas do outro – mesmo que sejam diferentes das nossas. A diversidade, de forma ampla, comporta igualdade, equidade e inclusão.

A igualdade significa que todos têm os mesmos direitos e deveres, independentemente de qualquer característica. É baseada no princípio da universalidade, ou seja, todos são impactados pelas mesmas regras. A equidade significa que, ao reconhecermos que somos diferentes, com distintas realidades, necessidades e condições, precisamos ajustar o tratamento dispensado a cada um para lidar com esse desequilíbrio. É dar às pessoas o que elas precisam para que todos tenham acesso às mesmas oportunidades.

Embora diversidade e inclusão andem juntas, diversidade está relacionada à representatividade, à pluralidade (de diferentes tipos), e inclusão está relacionada ao acesso e a dar condições para que o melhor de cada pessoa, com as suas diferenças, possa existir.

Todos esses conceitos se interrelacionam e são necessários para que possa haver respeito – que é quando você deixa espaço para a pessoa ser ela mesma, manifestar o seu potencial e ter uma vida boa. Se todos somos iguais, todos devemos ter acesso, oportunidade e facilidade.

Respeitar é observar esses elementos para tornar isso real, concreto. A diversidade, por exemplo, se manifesta de várias maneiras. Existe a diversidade demográfica, que diz respeito às características e identidade das pessoas (gênero, orientação sexual, características físicas, país de origem e muitas outras), mas também a diversidade em relação ao entendimento cognitivo, à visão de mundo e à forma como cada um lida com os problemas/situações. Há ainda a diversidade em relação às experiências de cada pessoa, que moldam o seu emocional e suas escolhas, como afinidades, hobbies, habilidades etc.

Tudo isso exige um nível de atenção muito grande e uma consciência ampliada. Por exemplo, como se respeita, de verdade, uma pessoa com deficiência? Uma vez, uma mãe com uma criança com síndrome de Down me disse que ela sente que seu filho é respeitado quando as pessoas o tratam como igual, e ao mesmo tempo, sem indiferença; quando a pessoa ajuda no que pode, mas não fica olhando fixamente para ele para adivinhar o seu problema e a condição que tem; quando não utilizam vocabulários que o diminuam. Todos esses são exemplos da manifestação do respeito à diversidade, que é o que dá base para que uma pessoa possa existir de maneira plena.

Sempre que você se acha melhor do que o outro, já está desrespeitando, pois em algum grau entende que tem mais direito do que ele. O racismo, que postula a existência de uma hierarquia entre grupos de pessoas, o preconceito, os estereótipos – que trazem julgamentos prévios negativos –, e a discriminação, que viola os direitos das pessoas com base em critérios injustos, nascem desse entendimento e estão a serviço do desrespeito.

Um caminho para a construção do respeito é conseguir identificar em si mesmo esses pensamentos, como quando você dá pesos distintos para cada uma das diferenças, estabelecendo direta ou indiretamente, consciente ou inconscientemente, que algo é melhor e que existe uma escala de valores. Isso pode acontecer de maneira bem perceptível ou mais sutilmente. Por exemplo, o preconceito em relação a homens e mulheres muitas vezes vem de uma cultura, de um sistema de crenças que diz que uma característica é melhor do que a outra. Livrar-se dos preconceitos passa por tomar consciência e transformar as crenças que os sustentam.

Uma maneira objetiva de aferir se realmente existe respeito na diversidade é olhar o resultado concreto. Por exemplo: se existem pessoas diferentes que convivem na sua organização e na sua vida, e verificar se você se relaciona e as trata da mesma forma. É observar os seus pensamentos quando interage com elas e verificar se você se considera melhor (ou pior) que elas pela existência de qualquer característica. Esse olhar sincero é fundamental para identificar e ir além de uma eventual valorização de uma característica em detrimento de outra.

Entender que tudo tem o seu valor, e o mesmo valor, exige uma limpeza interna que só é possível com a identificação em nós do que é contrário à real igualdade e diversidade. Só assim podemos, efetivamente, respeitar.

Uma boa notícia, e um estímulo para a ação, é um estudo divulgado pela McKinsey (2020) com empresas na América Latina que mostra que aquelas que adotam ações de diversidade tendem a ter melhores resultados em aspectos como inovação, colaboração, liderança, confiança, trabalho em equipe, ambiente de trabalho e retenção de talentos, gerando probabilidade significativamente maior de alcançar melhor performance financeira. Ou seja, embora a diversidade seja um princípio a ser sempre buscado, ela também é um caminho para melhores resultados.

Respeito e tolerância

Quando falamos de diversidade, vale a pena perceber a diferença entre tolerância e respeito. A tolerância, que está ligada a suportar e aceitar, é algo importante, mas ainda é um passo que, com o seu desenvolvimento, pode levar ao respeito. Ou seja, tolerância não é o mesmo que respeito, pois está centrada na aceitação, baseada em um fato que não dá para mudar nem para ser diferente, mesmo não sendo aquilo que a gente quer.

A tolerância se conecta a outros valores importantes, como resiliência. Ela engloba uma parte da aceitação e contribui para uma vida com mais paz. Nesse sentido, por exemplo, o dia 15 de novembro é o Dia Internacional da Tolerância, determinado pela ONU para incentivar a aceitação e a tolerância em termos da diversidade cultural.

Entretanto, a simples tolerância ainda não tem uma intencionalidade positiva ativa, um desejo de que o outro seja do jeito que é e de que a forma como ele quer se manifestar possa acontecer. Não é aceitação em seu grau maior. Há uma aceitação quase como se não houvesse escolha, dentro daquilo que é possível, como se afirmássemos: "mesmo não querendo, eu preciso aceitar". Então, nesse caso, ainda há uma força contrária a essa aceitação, ela não é plena, não está lastreada em realmente ver o outro se manifestar da forma como é. Ainda existe um conflito e, mesmo que ele não gere atitudes contrárias à outra parte, ainda há resistência em algum grau. Lógico que a tolerância deve ser incentivada, pois é o mínimo que devemos ter em relação aos outros. Mas devemos buscar um próximo passo, que é o respeito. Ele está baseado no se importar, cuidar, querer ver o outro bem. Vai além de simplesmente aceitar, já que não há escolha. O respeito é uma escolha em colocar a atenção e a energia no melhor para o outro. Isso vale para nós mesmos, respeitando inclusive as nossas limitações. Então, a tolerância é um passo importante no nosso desenvolvimento, mas o caminho é o respeito. O caminho e, ao mesmo tempo, o lugar de chegada.

Respeito e lugar de fala

Dentro do tema de diversidade, que é muito amplo, entendi que deveria abordar um pouco a realidade de apenas três grupos, sem que isso signifique desvalorizar os muitos outros. Escolhi falar sobre a cor preta, o gênero mulher e os indígenas. A escolha da cor e do gênero se deu por temas que considero fundamentais e que atingem um número muito grande de pessoas. No Brasil, segundo o IBGE, cerca de 56% das pessoas são pretas ou pardas e 51% são mulheres. Infelizmente, os indicadores mostram que essas são as parcelas da população que sofrem mais preconceito e têm menos oportunidades. São duas parcelas muito representativas no nosso país e que sofrem desrespeito. Já os povos originários são retratados devido à minha conexão pessoal, por serem uma das fontes de sabedoria de onde bebo, e senti necessidade de honrá-los aqui neste livro.

Um aspecto muito importante quando falamos em diversidade é respeitar a voz de cada ser, de cada tipo de configuração da humanidade. Uma sociedade com respeito reconhece e dá espaço para a voz de todas as manifestações do ser humano, independentemente das suas características, cor, gênero, origem ou qualquer outro aspecto. Eu, por exemplo, no Brasil sou considerado um homem branco. Essa característica me permite falar com propriedade desse lugar, mas não me permite falar da mesma forma sobre outras pessoas que são diferentes de mim, pois não terei a mesma consciência da realidade dessas pessoas. Elas são as melhores pessoas para falarem sobre si mesmas. Em um contexto multiplural, o mais adequado é que uma mulher fale sobre o que é ser mulher, que um preto fale sobre o que é ser preto, que o indígena fale sobre o que é ser um indígena, pois somente assim poderemos ouvir sem filtros sobre as suas percepções, dores, necessidades e qualidades.

E, então, por que eu vou falar aqui sobre eles? Porque acho importante que um livro como este traga uma reflexão inicial sobre certas realidades. Mesmo não sendo o meu lugar de fala, é o meu lugar de responsabilidade. Para quem quer um aprofundamento, recomendo que busque pessoas com essas características.

E para fazer isso, já que não tenho lugar de fala em nenhum desses três grupos, fui conversar e entrevistar mulheres, pessoas pretas e indígenas, bem como com pessoas que estudam esses temas, com a intenção de trazer uma reflexão inicial. Que possamos ampliar a nossa percepção, transformar qualquer preconceito e permitir que o respeito encontre morada em cada um de nós e em relação a todos.

Diversidade e a mulher

Por que é tão importante abordar a mulher dentro de diversidade e ESG? Porque, na prática, infelizmente, as mulheres não têm o mesmo patamar de direitos que os homens. São muitos os indicadores que apontam para uma situação menos privilegiada em relação à mulher. Elas em geral ganham menos, ocupam empregos de qualidade mais baixa – leia-se menor remuneração para os mesmo cargos e ocupações mais operacionais e/ou simples, que exigem menos qualificação técnica específica (sem qualquer juízo de valor a ocupações assim) –, ocupam menos espaço na política, têm uma sobrecarga (em horas) de trabalho porque assumem maior peso na criação dos filhos e nos cuidados da casa, sofrem mais violência física e sexual, entre outros. Tudo isso demonstra a necessidade de se atuar para equilibrar essa balança. Esse tema é tão importante que a ONU tem, entre os seus 17 Objetivos de Desenvolvimento Sustentável, no de número 5, a necessidade de igualdade de gênero e o empoderamento de todas as meninas e mulheres.

No capítulo sobre Respeito e o Feminino, muitas questões foram abordadas para que o feminino seja respeitado. Dar espaço, voz, valor, igualdade, equidade, entre outros, foram exemplos tratados. Na sociedade e dentro de uma empresa é fundamental que haja ações concretas para permitir que isso aconteça.

Os dados mostram o desrespeito à mulher na gritante falta de igualdade, mas também temos a violência. A mulher vive mais insegurança do que o homem. Um exemplo simples é que ela, muitas vezes, não pode andar na rua sem ser alvo de assédio e ameaça. O feminicídio é um problema extremo que denuncia o tamanho da falta de respeito. Isso também acontece no ambiente profissional, como revela uma pesquisa realizada em 2021 pelo Instituto Patrícia Galvão e Locomotiva, com apoio da Laudes Foundation, que entrevistou mil mulheres em todas as regiões do país: 76% delas sofreram algum tipo de violência e assédio no trabalho.

Em uma organização, uma gestão adequada, socialmente responsável, engloba a capacidade de ter uma visão mais ampla da realidade e o uso de qualidades masculinas e femininas, que são mais bem obtidas com o equilíbrio de cargos entre homens e mulheres, além da presença de outros gêneros. Empresas com maior diversidade e com mais mulheres na liderança têm melhor performance, segundo algumas pesquisas, como as feitas pela consultoria McKinsey.

Um exemplo para efetivamente trazer equilíbrio nesse sentido são os 7 princípios de empoderamento das mulheres, divulgados pela ONU Mulheres. Eles são: 1. Estabelecer liderança corporativa de alto nível para a igualdade de gênero; 2. Tratar todos os homens e mulheres de forma justa no trabalho – respeitar e apoiar os direitos humanos e a não discriminação; 3. Garantir a saúde, a segurança e o bem-estar de todos os trabalhadores e trabalhadoras; 4. Promover a educação, a formação e o desenvolvimento profissional das mulheres; 5. Implementar o desenvolvimento empresarial e as práticas de cadeia de suprimentos e de marketing que empoderem as mulheres; 6. Promover a igualdade através de iniciativas e defesa comunitária; e 7. Mediar e publicar os progressos para alcançar a igualdade de gênero.

Esses princípios precisam se traduzir em ações práticas nas empresas (e fora delas). Uma empresa brasileira é exemplo de uma iniciativa objetiva para aumentar a sua liderança feminina. Ela definiu como regra que, para os cargos de liderança, entre os candidatos da última fase, deveria haver pelo menos duas mulheres. Ela não exige que seja escolhida uma mulher, mas sim que haja pelo menos duas candidatas na fase final de seleção. Isso cria uma oportunidade real para que a mulher possa estar em um cargo de liderança, e, na prática, trouxe um aumento significativo de mulheres na liderança dessa empresa. Resgatar a igualdade de gênero é buscar o equilíbrio, elemento fundamental para termos empresas e sociedade saudáveis e respeitosas.

Diversidade e as pessoas pretas

Escrever sobre diversidade e as pessoas pretas deveria ser algo totalmente desnecessário, pois precisar dizer que somos todos iguais e devemos ter direitos iguais parece muito raso para o nível de consciência que deveríamos ter neste momento da humanidade. Entretanto, temos a necessidade urgente de falar e fazer mudanças reais, o que é fruto de um grande desrespeito e desigualdade históricos para com as pessoas de cor preta e revela o estágio primitivo de desenvolvimento em que ainda estamos enquanto maioria da população mundial e brasileira. Esse nível de consciência atual é a causa de um baixo nível de respeito neste tema e em todos os outros. Um dos elementos objetivos que mostra a existência do desrespeito estrutural é o preconceito sistemático que vivemos em nossa sociedade. Embora este seja um assunto há muito abordado, como as mudanças acontecem em um ritmo bastante lento, percebemos que existem aspectos ainda não totalmente assumidos e conhecidos pelas pessoas, que se refletem no nosso dia a dia, bem como dentro das empresas.

Puxar a bolsa, mudar de lugar, olhar ou tratar com nojo ou repulsa, tratar como uma pessoa que merece pena (coitadinho), falar de forma infantilizada (como a pessoa fosse menos capaz) ou associar a trabalhos menos "qualificados" (restringindo acesso), não respeitar a voz e o lugar de fala, não dar oportunidade, usar um vocabulário depreciativo, fazer piadas, sexualizar o corpo, são alguns dos exemplos de atitudes desrespeitosas com as pessoas pretas.

As pessoas pretas sofrem mais violência física e homicídios, têm uma taxa de mortalidade muito maior, são mais abordados pela polícia, são sub-representados no judiciário (existem poucos juízes negros), são a maioria da população carcerária, vivem em condições mais precárias, ganham menos, têm muitos menos cargos na liderança, entre outros aspectos. Há pesquisas e dados que comprovam todas essas afirmações.

Uma pesquisa realizada em março de 2021 pelo Instituto Locomotiva, mostrou que, no Brasil, cerca de 84% da população considera o próprio país racista (89% para pessoas pretas e 74% para pessoas não pretas), mas apenas 4% das pessoas entrevistadas se assumem racistas. Essa discrepância e incoerência mostra uma das raízes da manutenção do racismo: a falta de consciência sobre o preconceito que nos habita. Embora a grande maioria das pessoas prefira não ser assim, essa não é a realidade. Um passo fundamental, embora difícil, é cada um assumir a sua parte racista, sua responsabilidade individual em mudar essa realidade e atuar para a transformação deste mundo preconceituoso em um igualitário e respeitoso.

Ouvir e prestar atenção, entender (letramento) a realidade, valorizar a própria singularidade e autenticidade, ter empatia e agir para transformar as dores, os traumas, os desafios, as situações preconceituosas e desequilibradas é um caminho objetivo a ser seguido. Tratar todos igualmente, eliminando qualquer pré-julgamento, no discurso e na prática, é uma consequência desse movimento.

Na mesma pesquisa citada acima, 76% consideram que pessoas pretas são discriminadas no mercado de trabalho. Isso pede maior responsabilidade das empresas, com ações objetivas, como: não tolerar qualquer forma de racismo e promover um adequado letramento de seus colaboradores; estabelecer metas objetivas de preenchimento de vagas para pessoas pretas; fazer uma busca ativa de talentos entre as pessoas pretas; eliminar critérios de seleção excludentes que não sejam fundamentais (como tipo de universidade ou nível de idioma); ter programas de aceleração para lideranças pretas; exercer influência, cobrar e dar preferência às empresas que se alinhem aos itens acima em toda a sua cadeia produtiva; entre outros.

Existe também a necessidade de redistribuirmos o poder, pois não há como respeitar as pessoas pretas se não damos oportunidade de tomada de decisão proporcional à sua participação na população geral e nas empresas. No Brasil, além de todos os aspectos acima, existe a necessidade de honrarmos a nossa ancestralidade, pois as pessoas pretas são parte fundamental da nossa história.

Por tudo que foi exposto, é preciso criar políticas e procedimentos objetivos para garantir às pessoas pretas igualdade, equidade e inclusão dentro das empresas (e fora delas). Somente assim honraremos e respeitaremos a todos.

Diversidade e os indígenas

Durante muito tempo, principalmente aqui no Brasil, mas não só, os povos originários foram tratados a partir de um prisma colonial, fruto de uma visão histórica distorcida, em que o povo de origem europeia (principalmente) que veio ao Brasil se achava melhor, mais evoluído e entendia que precisava "socializar", "educar", "domesticar" e ensinar coisas para os indígenas. Quando ampliamos a nossa consciência, podemos verificar o tamanho da violência e do desrespeito desse movimento. Afinal, os povos indígenas viviam aqui e então vieram pessoas de fora que quase sempre invadiram para usurpar a terra, escravizar as pessoas e extinguir a cultura. Na prática, muitos foram escravizados e mortos.

Embora isso pareça que aconteceu há muito tempo, ainda hoje nossa atitude com os povos originários é desigual, em consequência dessa visão colonialista, violenta e desqualificadora. Há um julgamento equivocado, como se eles soubessem menos, pois receberam menos educação formal ou não seguem os preceitos da ciência cartesiana. Nada poderia estar mais longe da realidade.

Um importante ensinamento é que se você condena a semente, o fruto também está condenado. Podemos dizer que a semente de toda a raça humana, na verdade, são os indígenas, os povos originários que se formaram de diferentes maneiras, em diferentes lugares. Uma questão central da falta de consciência do ser humano é a perda da conexão com a sua origem, por um lado, e com o que ele veio fazer aqui nesta Terra (propósito), por outro. Embora a maioria da população não se reconheça como indígena, os seus antepassados, mesmo que distantes, podem ser chamados de indígenas, com as suas próprias características.

Alguns erroneamente acreditam que as sociedades não indígenas são mais desenvolvidas pelo fato de terem focado em determinadas tecnologias e ciências. Essa comparação, além de errada, ignora o fato de que os indígenas focaram em outra direção e desenvolveram uma sabedoria muito rica. Ela se manifesta de várias formas, como na espiritualidade, na área da saúde, na sustentabilidade, na conexão e na observação da natureza. Além do fato de que parte da tecnologia que outros povos possuem nasceu da sabedoria indígena.

Somos todos iguais, indígenas e não indígenas, e temos os mesmos direitos. Qualquer pensamento que vá contra essa consciência precisa ser investigado para ser transformado.

Conversando com alguns amigos indígenas sobre como se sentem respeitados, ouvi que o respeito está na forma sincera, de igual para igual, que as pessoas têm quando estão com eles. Da mesma forma como todos devemos respeitar e ser respeitados, devemos ter uma escuta ativa, uma empatia profunda, uma troca justa e sustentável. Assim funciona tanto para indígenas quanto não indígenas.

A ligação com a natureza, a simplicidade, a espontaneidade que você vê nos indígenas também pode ser utilizada como um termômetro e uma inspiração para a prática do respeito que devemos ter conosco mesmos e com eles. É importante observar se o que é dito para eles é feito de verdade, com o coração aberto, ou seja, sem intenção de exploração.

Respeitar os indígenas é uma necessidade, bem como também um ato de reparação por tanto tempo de desrespeito. Isso é percebido, segundo eles mesmos me falaram, por questões simples, como o olhar, a energia de quem se relaciona com eles, o acolhimento que essa pessoa tem das suas necessidades e características. Tão simples e ao mesmo tempo tão importante. E está alinhado com as Sete Leis do Respeito.

Como respeito é se importar – ou seja: cuidar – ter cuidado com o indígena é respeitar seu espaço, sua terra, suas tradições, lembrando que eles viviam aqui muito antes de todos. Dessa consciência, podemos nos abrir para escutá-los, observar seu modo de vida e aprender o que eles têm para nos ensinar. Também significa, por exemplo, não pegar nada de suas terras sem antes ter autorização – afinal, jamais entramos na casa de alguém e pegamos algo sem antes pedir. Como eu vou respeitar o indígena se eu não sei do que ele precisa, como enxerga o mundo, a vida, e como faz as coisas que para ele são importantes?

Como é um direito de todo ser, todo indígena deve ter espaço para se manifestar na sua forma, realizar as suas práticas e fazer as coisas como as entende. Uma reflexão que podemos ter é como podemos colaborar para que isso seja respeitado. Esse respeito vem da ajuda para que cada ser se manifeste, e isso necessita da observância de tudo o que tratamos aqui neste livro.

27.
Respeito na comunicação

"A comunicação constrói o elo que sustenta o respeito entre as pessoas."

A interação entre as pessoas acontece, principalmente, por meio da comunicação. É como trocamos uns com os outros, por onde entendemos o que o outro quer, do que precisa. É através da comunicação que pedimos, recebemos e damos ajuda, quando necessário.

Comunicação, como já vimos antes, vem de comunicare. Significa tornar comum. Quando aquilo que precisa ser dividido e compartilhado se torna comum, acontece uma interação – uma comunicação positiva. Os relacionamentos são fortemente influenciados pela comunicação – tanto verbal como não verbal – e é fundamental que ela seja direcionada para o bem e o bom do outro, de forma a ajudá-lo. Para isso, a comunicação tem que nascer de uma vontade sincera de ver o outro viver esse bem e bom, ou seja, de uma intencionalidade positiva (Lei da Intenção Positiva e Não Violência).

A comunicação verbal é mais facilmente compreensível – é aquilo que efetivamente dizemos ao outro e ouvimos dele. Mas existe também a comunicação não verbal, que acontece sem o uso de palavras – se dá por meio do olhar, da proximidade, dos gestos, da postura do corpo, da expressão facial, do próprio contato físico, do cheiro, da aparência geral, do tom de voz e até mesmo do silêncio entre interações. É tudo que não é verbalizado, que não está nas palavras. Essa comunicação não verbal também precisa estar alinhada com o positivo, o bem e o bom, o cuidado.

As Sete Leis do Respeito deste livro são fundamentais para permitir que esse processo de elaboração da comunicação esteja efetivamente alinhado com o respeito, para que possa causar um impacto positivo. Isso inclui se expressar sem violência, observar a realidade, ter um compromisso com o que é verdadeiro, falar e ouvir a partir de um estado de presença, de lembrança de quem se é, de atenção plena, de constância. A própria comunicação, de tão importante que é, é uma das Sete Leis do Respeito. Por isso, é muito importante que haja um entendimento profundo dos processos que impactam uma boa comunicação – a comunicação positiva.

3 Cs: comunicação, consciência e conexão

A ampliação da compreensão da comunicação gera mais consciência e permite uma conexão, porque você sabe o que o outro está sentindo e também sente aquilo; ou compreende o lugar de onde saiu a comunicação, a mensagem emitida pelo outro. Isso ajuda a gerar conexão e interação verdadeiras. Nas relações entre pessoas é normal que aconteçam conflitos, que existam formas diferentes de enxergar a mesma coisa, aspectos nos quais o valor percebido por cada um acontece de uma maneira diferente. Se você tem uma comunicação centrada no positivo, tem a capacidade de resolver essas diferenças acionando o seu melhor e o melhor do outro.

Essa afinação com o respeito na comunicação nos permite perceber que o mundo não é apenas aquilo que imaginamos que seja, pois existem diferentes pontos de vista. Por isso, essa é uma ferramenta tão valiosa para a nossa evolução, para expandirmos nossa consciência.

Se deixamos de lado a comunicação respeitosa, entramos em uma comunicação negativa, em que depreciamos o outro. Por exemplo, há muitos casos de assédio moral nas empresas que acontecem por conta de uma depreciação, de uma comunicação violenta, desrespeitosa, que gera danos – quando criticamos de maneira desrespeitosa, usamos a comunicação para desmerecer, desaprovar, falamos com cinismo, usamos elementos que agridem o outro. Portanto, uma das formas de sabermos que a comunicação é respeitosa é quando ela não causa danos, não machuca o outro. Claro que também existem outros elementos, como transparência, clareza e acuracidade da informação, veracidade, justiça, que são importantes para inferir se trazemos os diferentes aspectos da mensagem de maneira equilibrada e damos o peso certo para as coisas.

Um aspecto importante da comunicação é que ela ocorre de pessoa para pessoa. Então, é muito importante que ela humanize em vez de desumanizar, ou seja, valorize aquilo que é o melhor do humano – os valores humanos, sendo o respeito um deles. Aquilo que é comunicado direciona a atenção, e o lugar onde colocamos nossa atenção é para onde nossa energia vai. Se comunicamos coisas que geram atenção das pessoas naquilo que não é importante, apenas criamos distrações, atrapalhando a vida delas e a nossa.

A partir da conexão e da consciência chegamos a uma comunicação equilibrada, em que não falamos nem mais nem menos: comunicamos o suficiente, o necessário. Aliás, é importante compreender que uma boa comunicação não é medida em quantidade de informação. Na verdade, uma comunicação respeitosa acontece quando quem se expressa sabe que a pessoa que escuta precisa daquela informação, daquele dado e daquilo que é necessário, que vai ajudar. Aliás, informações em excesso podem até atrapalhar a pessoa que está escutando – e, nesse caso, deixa de ser uma comunicação respeitosa. Por isso é tão importante estar atento com o que vai ser feito para gerar uma conexão positiva.

Importante lembrar também que a boa comunicação é a que acontece em duas vias – como falar e ouvir. Começa sempre com um emissor, que vai mandar uma mensagem e aquilo que vai ser compartilhado, vai se tornar comum às duas partes, e com um receptor, que vai receber a informação e depois fará o mesmo processo, retornando uma outra mensagem, dando um feedback, por exemplo.

Quando o emissor manda uma mensagem, ela é decodificada a partir do repertório do receptor, de como ele entende as coisas, do tipo de palavras que usa, do significado que atribui ao que é dito e assim por diante. Então, é preciso conhecer o repertório de quem vai receber a mensagem para garantir que ele vai entendê-la (Lei do Conhecimento e da Verdade). Se você usa palavras muito complicadas, que não fazem parte do repertório do seu receptor, ele não vai decodificar adequadamente a mensagem e não ocorrerá uma comunicação respeitosa de sua parte.

Outro aspecto é evitar ruídos – qualquer coisa que atrapalhe a decodificação adequada da mensagem pelo receptor. O ruído pode surgir de um barulho, mas pode surgir de expressões, imagens e/ou ações que desviam a atenção, que distraem, que causam sentimentos negativos e que impedem a pessoa de entender plenamente aquilo que o emissor quis passar com a comunicação.

Esses cuidados são muito importantes para que a comunicação aconteça da maneira correta, com competência e respeito.

Três outros aspectos importantes para uma comunicação respeitosa são autonomia, relevância e privacidade. A autonomia – que significa a capacidade e liberdade de escolher o que deve comunicar – precisa estar presente para a pessoa poder comunicar aquilo que sente que é importante, sempre pensando no impacto que isso causa no outro. Ela depende de informação abrangente para que a escolha seja consciente. A relevância demonstra aquilo que é importante que seja comunicado para que a pessoa, que vai receber a mensagem, seja capaz de fazer uma escolha adequada, dando condições/dados para que ela escolha bem. Perguntar-se do que ela precisa para o entendimento da realidade para decidir o que comunicar ajuda na determinação da relevância. E a privacidade é respeitar e não comunicar dados e informações que o outro não quer que sejam divulgados. Esse direito de privacidade também deve ser respeitado em relação a nós mesmos, evitando, por inconsciência ou desatenção, divulgar informações pessoais que acabarão nos prejudicando de alguma maneira.

As quatro ferramentas da comunicação não violenta para o respeito

Há um campo de conhecimento, dentro desse tema, chamado Comunicação Não Violenta, que teve em Marshall Rosenberg um grande incentivador e seu principal autor (recomendo, inclusive, a leitura do seu livro homônimo). Ela tem como objetivo fortalecer a conexão e os relacionamentos – falando e ouvindo de maneira empática e construtiva.

A comunicação não violenta envolve quatro aspectos fundamentais. O primeiro é a observação, que consiste em separar um fato de uma interpretação, ou seja, focar efetivamente na verdade, naquilo que é, em vez de deturpar ou fazer interpretações do que seria real. Por exemplo, confundir uma observação com um juízo de valor (uma interpretação) é uma forma de deturpar a verdade. Esse tema é mais profundamente abordado no capítulo Respeito, Julgamento e Crenças.

O segundo aspecto é reconhecer e entender os sentimentos que estão envolvidos naquela situação e que são acionados pela comunicação. É importante que haja espaço para as pessoas envolvidas expressarem os seus sentimentos e poderem ser vulneráveis e humanas. Talvez esse seja um dos aspectos mais desafiadores, porque, normalmente, quando falamos de sentimentos negativos, temos a tendência de acusar o outro de ser a causa deles. Na prática, por exemplo, é diferente dizer "Você está me deixando com medo de falar", de dizer "Eu estou com medo de falar". Percebe? Quando você diz que está com medo, está falando do seu sentimento, já quando diz para o outro que ele está provocando medo em você, o está acusando de algo. Então, se por um lado é muito importante acolher o sentimento do outro, por outro é fundamental também expressar os próprios sentimentos e fazê-lo de uma maneira não agressiva, sem acusação.

Os sentimentos são causados pelas necessidades, que são o terceiro aspecto da comunicação não violenta. Para isso, é necessário entender o que motiva a pessoa a se comunicar, que necessidade vem junto com a comunicação. Ou seja, qual é a motivação por trás daquela mensagem. Que necessidades aquele que se comunica espera que sejam atendidas? Compreender isso é fundamental para que haja uma troca, para que o foco da comunicação seja expressar e/ou compreender as necessidades de cada parte. A comunicação não pode ser contaminada por uma estratégia que visa manipular o outro para que ele faça aquilo que se quer – essa seria uma estratégia baseada no medo de não ter a sua necessidade atendida. Quase sempre, quando movidos por esse medo, usamos de violência ou vitimismo em nossa comunicação. É preciso mudar o foco desse jogo – em vez de manipular, expressar claramente as necessidades. Isso exige um tanto de confiança, vulnerabilidade e revelação de cada parte.

A quarta parte pode ser entendida como um desdobramento da terceira. Com base em uma necessidade bem entendida e expressada, é feito um pedido. Fazer esse pedido, em busca de ter a necessidade atendida, é também um sinal de respeito com aquele com quem você se comunica, pois vai permitir que ele te entenda de maneira objetiva. Um exemplo é: "Olha, para que eu me sinta ouvida, peço que você me deixe terminar tudo que eu tenho para falar; assim, sentirei que você me deu o tempo que eu preciso para me expressar". Isso é bem diferente de reclamar que a pessoa não te ouve sem dizer claramente o que ela pode fazer para atender essa sua necessidade de ser ouvida. Ou ainda, de ameaçá-la, exigindo com violência que ela fique quieta enquanto você fala, senão você vai processá-la. Como diz Marshall: "toda violência é a manifestação trágica de uma necessidade não atendida".

A comunicação não violenta funciona de maneira fluida quando existe presença (Lei da Presença e da Lembrança), pois ela permite que haja inteligência emocional, o que significa não ser tomado pelas emoções negativas que geram reatividade e violência na comunicação. A presença, que nasce da atenção plena, também abre espaço para uma escuta ativa, em que é possível ouvir e compreender de forma ampla a mensagem, recebendo e decodificando adequadamente, com a percepção expandida, devido ao foco da atenção.

Respeito e comunicação com você mesmo

Dentro deste tema, é muito importante que a comunicação que você estabelece consigo mesmo seja também respeitosa. Isso pode parecer um pouco estranho. Talvez você se pergunte: "Como assim, eu me comunico comigo mesmo?". Pois é, isso acontece, e essa comunicação se dá entre partes nossas. Como já vimos, quando estudamos o ser humano e sua psique percebemos que ela é muito fragmentada – como se houvesse mais de um dentro de nós. Inclusive, isso gera conflitos em nossa existência, pois às vezes tem uma parte nossa que quer bater na pessoa e outra que quer abraçar; uma parte quer uma coisa, a outra quer outra. À medida que nos desenvolvemos, começamos a integrar essas partes para que possamos nos tornar um só, ou seja, para sermos quem somos de verdade, expressando a nossa essência. Mas, enquanto estamos em desenvolvimento, temos essas diferentes partes dentro de nós, e precisamos conversar com essas partes, principalmente com as que geram sofrimento e desrespeito conosco mesmos.

Algumas linhas de autoconhecimento, como o método Pathwork, chamam essa(s) parte(s) que nos desrespeita(m) de "eu inferior". E a parte que está mais atenta àquilo que é importante para nós e busca o desenvolvimento é chamada de "eu consciente". Você pode e deve se comunicar com o eu inferior para entender as causas que levam àquela divisão, àquela separação e fragmentação internas. Esse conhecimento vai abrir a possibilidade de uma transformação. Para isso, a comunicação precisa ser gentil e respeitosa, permitindo, de verdade, que você compreenda e faça o bem e o bom para si mesmo. Assim, a comunicação cumpre o seu papel, que é a união, a paz, o bem-estar para si mesmo – e, como reflexo, para todos.

A escolha das palavras

Um aspecto importante na comunicação não violenta é a escolha consciente das palavras utilizadas a partir de seus significados. Algumas claramente geram violência, porque são fruto de sentimentos negativos em direção à pessoa que as recebe. Por exemplo, tudo aquilo que chamamos de palavrões são expressões utilizadas para machucar. Mesmo quando se utiliza esses palavrões de maneira casual, como se fosse uma forma de expressão, há uma distorção no uso e uma escolha daquela palavra, às vezes inconsciente, porque isso agride, gera um impacto negativo, mesmo que socialmente, em determinados grupos, isso seja aceito. O que se referenda e se aceita é uma manifestação violenta. Isso deve ser repensado para que haja um ambiente sem violência, para que o respeito aconteça.

Há também o uso de palavras que diminuem o outro de forma violenta, pois carregam em si um julgamento de que o outro é menos. Essas palavras têm um histórico ruim, pois foram formadas a partir de situações humilhantes e negativas. Chamar alguém de "mulata", por exemplo, é dizer que ela é menos, porque, na verdade, a origem da palavra vem das "mulas", como eram chamadas as mulheres negras escravizadas que carregavam os filhos dos brancos. Então, ao dizer "mulata", você deprecia a pessoa, mesmo que não seja sua intenção consciente. Palavras como "denegrir" ou expressões como "coisa de preto" também trazem violência, pois há um preconceito embutido.

Às vezes a palavra isolada não carrega em si um significado negativo, mas quando é usada em determinado contexto pode trazer uma depreciação. É importante perceber que, dependendo do contexto, a mensagem transmitida por meio de uma palavra muda. A palavra "menininha", por exemplo, quando é utilizada para se referir a uma mulher, muitas vezes vem junto com um julgamento, de que ela é infantil, tem pouco a oferecer. Ao mesmo tempo, ela pode ter um significado positivo se você quer dizer que aquela mulher é jovem e isso é valorizado por ela. O contexto e a intenção vão determinar a existência ou não de violência no uso das palavras. Essa mesma palavra usada, por exemplo, para se referir a um homem que tem uma orientação homossexual pode estar carregada de preconceito e violência.

A atenção é necessária para evitarmos palavras que, no repertório dos outros, são entendidas como violentas – mesmo quando não temos a intenção de diminuí-los. As palavras possuem poder. Elas servem para construir e fortalecer relacionamentos, mas também podem ser usadas para destruir uma pessoa. Empregá-las adequadamente traz força para quem as utiliza. O poder do respeito se manifesta fortemente nas palavras.

28.
Respeito nas mídias sociais

"Não basta parecer. Para respeitar, é necessário ser."

As mídias sociais – que são as mídias que permitem interação ou compartilhamento de informação – impactam a forma como nos comunicamos, relacionamos, trabalhamos e, inclusive, a percepção que temos de nós mesmos e do outro. Como muitas coisas nessa vida, elas podem ser bem ou mal utilizadas, ou seja, seu uso pode ser movido pelo respeito ou pela falta dele. São partes da comunicação, mas, por sua relevância e impacto, entendi que mereciam um capítulo específico.

Quando falamos sobre respeito nas mídias sociais, uma forma simples de averiguação se essa utilização tem sido positiva ou negativa é trazermos à memória se nós ou alguém que conhecemos já se sentiu atacado, descuidado ou desconsiderado por alguém nesse ambiente virtual. É muito provável que você tenha muitos exemplos para enunciar.

Essa constatação mostra o quanto devemos trazer para as mídias sociais os princípios e as Sete Leis do Respeito, pois, sem respeito, elas exacerbam muitas das nossas práticas normalizadas de desrespeito. Se estivermos atentos a essa reprodução negativa, teremos a oportunidade de transformá-la e criar uma forma de interação mais positiva. Essa é a intenção deste capítulo: trazer mais compreensão sobre as distorções de uso dessa ferramenta e diretrizes para que o respeito possa ser incorporado ao seu uso.

Então, ao constatarmos que as mídias sociais muitas vezes exacerbam práticas de desrespeito, temos a oportunidade de olhar para elas, transformá-las e criar uma forma de interação mais legítima e respeitosa. Uma dessas práticas, que já vimos neste livro, é o julgamento. As mídias sociais se tornaram um tribunal implacável que julga, condena, cancela, traz críticas quase sempre sem nenhuma intenção construtiva e gera muitos conflitos, desentendimentos e até a destruição de reputações (se baseando, muitas vezes, em inverdades). O contexto desse ambiente virtual criou e multiplicou a figura dos haters, que são uma encarnação da falta de respeito.

Em meio a tantos julgamentos, também tendemos a nos esforçar mais ainda para sermos aceitos, seguidos e prestigiados nas mídias sociais. Ao estudarmos a psique humana, vemos que uma das maiores (senão a maior) buscas do ser humano é a de ser amado. Ocorre que, muitas vezes, substituímos essa legítima necessidade pela busca de um reconhecimento ou valorização externos. Nas mídias sociais, isso acontece em nossa busca frenética por likes e comentários positivos. Queremos que as pessoas achem isso ou aquilo de nós, então contamos a história de uma vida perfeita, mostramos fotos e textos que apontam como nossa realidade é boa e como somos especiais. É comum desrespeitarmos a nós mesmos e aos outros quando estamos perdidos nessa busca incessante por reconhecimento, pois distorcemos a realidade e fazemos coisas só para atrair os holofotes para nós, como crianças pequenas querendo chamar atenção. Claro que também temos algumas pessoas que trazem conteúdos positivos para as mídias sociais como uma forma de inspirar e se posicionar. Juntamente com o conteúdo, a intenção, por exemplo, de postar algo que vai apenas nos dar visibilidade (e likes) versus uma inspiração – que vem de dentro para fora, para ajudar aqueles que irão nos ler –, vai mostrar a presença ou ausência de respeito em nossas interações nas mídias sociais.

Outro ponto importante a ser compreendido neste estudo é o fato de as mídias sociais terem se tornado uma plataforma de vendas. Elas, embora tenham a função de comunicar, criar um espaço de troca e gerar intercâmbio social, têm necessidade de gerar renda e se sustentarem a partir da venda de produtos – de maneira direta ou indireta. Esses produtos, além de mercadorias e serviços, podem inclusive ser ideias, partidos políticos, formas de ver o mundo. Além da plataforma em si ter um apelo de vendas, os próprios usuários também usam, comumente, as mídias sociais para vender aquilo que têm a oferecer. Embora isso não seja errado, esse aspecto influencia o modo como a usamos, pois corremos o risco de criar uma distorção nas interações entre as pessoas quando o grande objetivo é vender e ficamos preocupados com a imagem, em parecermos legais. Essa distorção vem da perda da autenticidade, da conexão, das relações verdadeiras, ou seja, do respeito.

Os pontos citados acima se intensificam devido à velocidade da exposição, circulação e repercussão das informações. Todos sabem na hora o que está acontecendo, o tempo inteiro. Essa velocidade, somada à impulsividade por responder, compartilhar, comentar, atrapalha a nossa capacidade de absorver e refletir criticamente sobre os conteúdos que são apresentados, e até mesmo de checar se são verdadeiros, se vieram de uma fonte confiável e idônea, distorcendo nossa percepção e compreensão da realidade e, portanto, prejudicando todo o nosso processo decisório.

Esses desafios são dinâmicos, assim como a própria evolução das mídias sociais, mas têm uma raiz em comum: a escolha entre fazer um uso dessas ferramentas que nos aproxime de nossa própria humanidade e uns dos outros, com conexões verdadeiras, encontrando pares e pessoas inspiradoras pelo mundo que possam nos nutrir, desenvolvendo amizades sinceras, ou um uso em que nos afastamos de nossa espontaneidade e autenticidade para sermos aceitos e/ou vendermos a qualquer custo, nos isolando de nós mesmos, do outro e da própria realidade.

Quatro pontos de atenção do respeito nas mídias sociais

Como vimos, as mídias sociais acentuam alguns dos nossos aspectos que precisam ser mais bem observados e, se compreendidos e transformados, podem efetivamente nos levar a um comportamento mais legítimo e íntegro. Isso gera, além de respeito por outras pessoas, uma possibilidade maior de felicidade. Os quatro pontos de atenção abaixo são diretrizes para o uso das mídias sociais com mais respeito.

1. Intencionalidade positiva e responsabilidade

É interessante sempre se perguntar: Por que você está escrevendo, se posicionando sobre algo? É para o seu bem e o bem do outro? Você está cuidando de si e do outro? Esses questionamentos ajudam muito a desenvolver responsabilidade sobre suas escolhas e ações no uso das mídias sociais.

2. Nenhum uso de violência e percepção das consequências

Perguntas que ajudam a medir essa diretriz são: Aquilo que vou dizer pode soar, de alguma forma, violento para o outro? Ele pode se sentir atacado ou desconsiderado? Essas questões ajudam a lapidar nossa forma de escrita e expressão, reduzindo o risco de um entendimento equivocado. Aqui, é importante lembrar que é muito tentador utilizar mecanismos que dão audiência e repercussão para os conteúdos que postamos, mas que trazem alguma violência ou consequências negativas. Um exemplo é quando repostamos uma denúncia, que pode inflamar seus seguidores e provocar muitos comentários, reproduzindo discursos de ódio e linchamento – estudos mostram como esses conteúdos apelativos e sensacionalistas chamam mais atenção (como o feito pelo professor Stuart Soroka, da Universidade de Michigan, nos EUA). Entretanto, isso demonstra uma grande falta de respeito, com intenção e consequências negativas.

3. *Verdade e valor*
O compromisso com a verdade, em buscar pelos fatos, é muito importante para desenvolver respeito. Perguntas que ajudam nesse caso: Aquilo que eu digo é real? Foi checado? Estou trazendo algo verdadeiro e com valor para as pessoas? Estou sendo sincero/a nisso que escrevo e expresso para as pessoas?

4. *Autenticidade*
Da autenticidade nasce o respeito. Ela engloba os itens anteriores. Podemos traduzir autenticidade como a coragem de ser você mesmo, espontâneo, verdadeiro. Mas como saber se somos verdadeiros em nossa expressão? Um termômetro simples e eficaz é verificar se utilizamos as redes para nos expressarmos ou apenas para ganhar algo em troca (repercussão, likes, clientes etc.), sem lastro com a verdade de quem somos. Novamente: não há problema em vender nas redes sociais – o problema é sua "corrupção", quando você é corrompido e utiliza estratégias desrespeitosas. Por exemplo: quando se omite informações, quando se criam gatilhos de escassez ou negativos – coisas que se tornaram normalizadas.

Essas quatro diretrizes nos permitem utilizar essa poderosa ferramenta de uma forma mais positiva, autêntica e respeitosa.

29.
Respeito na política

"Meu voto e minha política são para o respeito."

Cuidado: ao ler essa palavra, não vire os olhos. Política é fundamental. A imagem que a maioria das pessoas têm de que política é pejorativa, negativa, associada com corrupção e injustiça é apenas uma distorção do conceito, da sua realidade. Ou, melhor dizendo, daquilo que é sua essência e deveria ser a sua realidade. Negar a política é o mesmo que não fazer a sua parte para que o mundo possa ser organizado de uma maneira melhor. Dizer que você não gosta de tratar de assuntos políticos é o mesmo que dizer que você não gosta de discutir qual é a melhor solução para você e os outros viverem melhor – o que parece algo incoerente se você quer ser parte de uma vida melhor. Não dá para viver com respeito sem que tratemos a política de maneira séria e por todos. A omissão, nesse caso, é uma falta de respeito.

A organização de uma sociedade sofre uma influência muito grande de sua classe política e de como ela toma decisões. Um dos aspectos mais importantes para a atuação e o processo decisório dessa classe política é a existência do respeito. Começando por uma verdadeira intencionalidade positiva, ou seja, de que as decisões façam bem para todos, contemplem os diversos segmentos da sociedade de forma justa, dando condições para que o bem-estar seja maximizado.

Respeito na política começa por não colocar interesses pessoais na frente dos coletivos e isso se materializa na proposição de uma lei, na discussão das prioridades, no uso dos recursos públicos, na forma como vai ser escolhida uma determinada empresa para realizar uma obra e em tudo o mais que é necessário e acontece nesse mundo da política. Por incrível que pareça, isso para alguns soa como utopia, por conta dos inúmeros exemplos negativos de políticos que usam os recursos para fins pessoais, corrupção e priorização de interesses de grupos econômicos em troca de ganhos. Ou seja, precisamos voltar para o básico quando falamos de respeito na política.

Então, um ponto fundamental é entender por que uma parcela significativa dos políticos não tem esse compromisso com o respeito. E uma parte importante dessa responsabilidade é nossa, eleitores, que muitas vezes não usamos de verdade a busca por sinais da existência do respeito para direcionar o nosso voto. Segundo, quando já existe uma determinada composição de políticos ocupando cargos, seja no executivo, no legislativo ou nas empresas públicas (nesse caso, os indicados dos políticos), é preciso que sejam cobrados e despertem esse interesse e comprometimento com o respeito.

Há uma preocupação muito forte com a imagem entre os políticos, pois a perpetuidade na política depende de votos, e dizer-se respeitoso é algo que se torna comum – mesmo quando não é verdadeiro – para conseguir aprovação. Nós vimos neste livro que o primeiro passo para desenvolver o respeito é entender onde ele não existe ainda. Isso traz um conflito e uma dificuldade quando falamos de respeito na política. Seria fundamental cobrar de todo político que fizesse cursos sobre respeito, ética, administração pública e outras formas que garantem uma conduta adequada (e agisse coerentemente a esses conteúdos) – um sinal de respeito a quem depositou nele o seu voto.

Dada a sua importância, um político que realmente quer trazer o respeito para a sua atuação deve fazer uma imersão nas Sete Leis do Respeito que tratamos aqui, para compreender sua importância e aprender a desenvolvê-las. É preciso um tempo de dedicação, por exemplo, para treinar e desenvolver a presença e a lembrança (uma das leis). Importante também que o político se aprofunde no questionamento de por que escolheu essa atuação, para se afinar com a primeira lei, a da intenção. Esses são processos profundos para qualquer um e que devem ser valorizados e incentivados por quem tem o poder de colocar os políticos onde eles estão, ou seja, todos nós, eleitores.

A atuação política a partir do respeito engloba uma preocupação sincera e um foco no melhor para todos. Dizer que um político é bom porque ele não rouba ou porque respeita os processos e as leis é insuficiente, é muito básico. Infelizmente, no nosso país, muitas vezes esse básico falta– mas não deixa de ser básico. Um político não deve roubar, deve ser o primeiro a respeitar aquilo que ele cria: as leis, as regras para que a sociedade viva de forma harmônica, positiva. Mas ele precisa ir muito além disso. Senão estamos fadados, como grupo social, ao sofrimento. Uma frase que fala sobre isso é: insanidade é querer resultados diferentes fazendo as mesmas coisas. Se os políticos ficam limitados a reproduzir o que já existe, sem serem agentes de transformação de uma sociedade, em um linguajar mais simples: estamos lascados. Isso traz para a atuação respeitosa de um político a necessidade de entender os desafios e ao mesmo tempo se abrir para as soluções até então não tentadas, inspirados por uma frase normalmente atribuída a Einstein, que dizia que não é possível resolver um problema com o mesmo nível de consciência que o criou. Isso mostra o tamanho da responsabilidade que um político de verdade e com respeito carrega.

Outra atitude importante e que demonstra respeito na atuação de um político é como ele se relaciona com os demais políticos – pois é impossível fazer política sozinho. A política exige ouvir outros interesses e encontrar uma forma de convergência para que as coisas aconteçam. É importante que um político respeite o outro e atue dentro das regras de convivência. Jogos de manipulação, compra de votos, ameaças, violência verbal e inclusive física devem ser completamente abolidos dessa relação. Como é possível um político respeitar a população se ele não respeita as pessoas que estão próximas a ele e convivem dentro do cenário político?

Como respeito tem a ver com conhecimento, um político deve estar sempre atento, ao tomar suas decisões, a dados, a fatos, à realidade. Isso exige um estudo do que de verdade acontece para que sejam tratados os problemas reais e prioritários. Junto com o conhecimento, é muito importante a coerência e a lógica baseadas nas melhores práticas de gestão (privada e pública), que é outra faceta do próprio conhecimento. Ainda por conta da própria natureza da política, que impacta interesses privados, um político deve, para ter uma atuação respeitosa, "aprender a andar no fogo sem se queimar", ou seja, ter a capacidade de conversar com as pessoas e entidades que têm interesses privados para conseguir entender as necessidades delas e tentar atendê-las sem ferir os interesses coletivos. E, ao mesmo tempo, não querer tirar vantagens desse papel de interlocutor de interesses e necessidades. Falando objetivamente: sem pedir nada em troca por fazer isso. Se a gestão é importante, um político deve ter uma equipe competente que o assessora, em que o critério para escolha dos assessores deve ser exatamente esse, a competência, em vez de critérios baseados em outros interesses como agradar familiares, amigos e outras composições que não tenham como fim criar o melhor time.

Um político, mesmo eleito por um grupo com determinados interesses, não pode atuar apenas para esse grupo, porque a sociedade não pode ser dividida: ela é uma, ainda que abarque muitos interesses em sua pluralidade. Então, é fundamental que ele consiga encontrar o caminho do meio – ao mesmo tempo que entende e está comprometido com certos aspectos que fizeram com que as pessoas votassem nele, pois identificaram nele uma voz para esses aspectos, ele não pode ignorar a composição e as outras vozes que impactam aquela realidade. Senão, o nome disso vai ser exclusão, que é a base de muitas guerras.

Outro ponto relacionado a uma boa gestão e ao bem-estar de todos é se aproveitar sempre das coisas boas e que funcionam. Isso exige que um político abra mão de qualquer tentação de parar ou modificar algo, um projeto por exemplo, simplesmente porque o autor não foi ele. Infelizmente, isso é muito comum no Brasil. Inicia-se um projeto, forma-se uma equipe, desenvolve-se todo um conhecimento, resultados são atingidos, mas quando há mudança de governo, ou seja, quando é um novo político que entra no comando e passa a ser o responsável por aquele projeto, como não foi ele quem o iniciou e teve uma imagem associada ao seu êxito, muitas vezes ele simplesmente deixa de investir no projeto. Isso é um desperdício de recursos e de dinheiro público, e uma falta de respeito.

Como não existe político sem alguém que o eleja – ou seja, os eleitores – esses princípios devem fazer parte da análise que uma pessoa deve ter na hora de decidir o seu voto. Bem como nortear a atuação de um político eleito enquanto serve em seu mandato. Isso é um ato de respeito.

30.
Respeito e o mundo jurídico

"Justiça deve ser um dos sinônimos de respeito."

O respeito se manifesta principalmente nas relações que temos com as pessoas, com as coisas e com o meio ambiente. Quem dá parte do direcionamento e, principalmente, avalia se esse direcionamento e a justiça são respeitados dentro das relações é o mundo jurídico. Daí sua importância.

Quando abordamos o mundo jurídico, nos referimos a tudo que está ligado à Justiça: o governo, que determina as leis que regem a sociedade, e toda a estrutura de suporte jurídico, que envolve cartórios, varas, oficiais, polícia. Obviamente envolve também quem decide a interpretação das leis, ou seja, o judiciário, os juízes, bem como os procuradores, defensores públicos, advogados e, por último, as pessoas que têm as suas demandas nesse mundo jurídico, ou seja, os jurisdicionados (vulgarmente tratados como réus e vítimas).

Respeito é algo fundamental em tudo. Não seria diferente no mundo jurídico, que existe para estabelecer justiça, para que as coisas certas aconteçam em conformidade com aquilo que é direito, correto (pluralismo, diversidade, liberdade etc.), para preservar os direitos das pessoas, garantir uma boa interação e ordem social, e trazer equilíbrio. Tudo isso é muito importante.

Como em outras áreas da atuação humana, nesse mundo ainda temos muito a melhorar para que haja mais respeito, pois algumas vezes interesses pessoais ou corporativos se sobrepõem à justiça, seja na formulação, seja aplicação das leis. Especificamente, dois aspectos se mostram mais claros como causas que permeiam a falta de respeito e que impactam em cada um dos agentes ou das partes do mundo jurídico. São os aspectos relacionados à verdade e à intenção, ou seja, em que medida esses agentes atuam a partir do alinhamento com aquilo que é verdadeiro (com o que de fato aconteceu) e com a real intenção de trazer justiça. Esses dois fatores são interconectados e impactam outros aspectos, como a não violência e a comunicação, abordadas nas Sete Leis do Respeito.

Embora a verdade esteja diretamente ligada ao termo justiça, ela tem sido colocada em segundo plano. Não há justiça sem verdade, da mesma forma que não há justiça sem respeito. As Sete Leis do Respeito precisam atuar em cada uma das partes do mundo jurídico para que o respeito, a verdade e a justiça aconteçam. Muitas vezes é vista uma preocupação em se estar de acordo com uma interpretação legal, com o que rege um processo determinado por lei, mas falta um compromisso mais conectado com a verdade, com os fatos e suas consequências.

Lógico que as leis e os processos existem para serem respeitados. Entretanto, quando colocamos a intenção na busca de ter o benefício da interpretação favorável à nossa demanda independentemente da verdade, temos um problema de origem. Muitas peças jurídicas, petições, são escritas por mentes brilhantes do mundo jurídico, mas \ estão focadas em defender um ponto de vista, em obter a adesão a uma interpretação, a uma narrativa, não à busca da verdade, ao que de fato aconteceu; muitas vezes nem ao que realmente é mais importante naquela situação. Manter-se firme na verdade é algo que, primeiro, exige muita atenção e compromisso, pois significa abrir mão de um caminho mais fácil e, ao mesmo tempo, mais benéfico para se obter uma decisão favorável – por exemplo, um advogado correr o risco de obter a decisão de um juiz contrária ao interesse do seu cliente, pois não relativizou com a ética, nem faltou com a verdade dos fatos.

Buscar a verdade dos fatos é fundamental – e para isso é preciso desenvolver a observação e a auto-observação. Não podemos esquecer que há uma diferença entre fato e interpretação. Embora o discurso utilizado nesse mundo, principalmente pelos juízes, fale na busca pelos fatos, para dar suporte à interpretação, muitas vezes há uma sobreposição das interpretações aos fatos. Isso não é a regra nesse mundo, mas qualquer intercorrência gera desrespeito – e precisa ser evitada.

A intenção, além da verdade, é fundamental e deve ser resgatada. A própria busca da verdade depende da intenção verdadeira. Como faz parte do universo jurídico lidar com o conflito, com visões e necessidades diferentes, a busca por ter a sua visão e interpretação acolhida muitas vezes se sobressai à busca do justo, do correto. A intenção de vencer uma ação, por exemplo, muitas vezes se sobressai à de que a justiça seja feita. Isso acontece às vezes de forma inconsciente, mas também ocorre de forma deliberada. Por isso é tão importante resgatar e se manter firme em uma intenção positiva – esse é o caminho para o desenvolvimento do respeito no mundo jurídico.

Para isso, é muito importante que haja a reflexão sobre se o papel que os agentes têm adotado está adequado ao respeito. Se realmente há uma verdadeira preocupação em ter uma intenção positiva, em fazer com que a verdade e a justiça se estabeleçam; se há um entendimento das consequências de cada escolha, de cada decisão; se há mesmo o desejo de trazer o bem e o bom para todas as partes, dentro daquilo que é justo.

Um exemplo que pode nos ajudar a refletir é: quando um advogado escreve uma petição, ele o faz pensando em estabelecer a verdade ou simplesmente em gerar uma interpretação que beneficie o seu cliente, mesmo que ela traga uma "pequena" variação da realidade?

Esse tema é delicado, porque, obviamente, um advogado precisa defender uma parte, já que é um direito de todos ter acesso a ampla defesa, mas é muito importante que haja um entendimento de que não se pode renunciar à verdade, ficar só no discurso, no retórico.

Outro exemplo é a necessidade de um adequado preparo dos juízes, de todas as instâncias. Como eles desempenham um papel central nesse mundo, já que são os que efetivamente decidem, precisam, além de aspectos técnicos jurídicos, ter uma profunda capacidade de atenção e de autoconhecimento, para olhar a realidade como ela é, sem se perder em julgamentos internos, e decidir da melhor forma (isenta e justa). Isso pede por entendimento desses aspectos e dedicação.

Um aspecto muito recorrente nesse universo é a demora excessiva de muitos processos, deslocada da realidade da vida, pois ações que levam anos e anos geram um prejuízo enorme para todos os envolvidos, e para o próprio sistema. A lógica que se estabelece nesse sistema de justiça, muitas vezes, traz como consequência paradoxal a injustiça. A preocupação em seguir os ritos é coerente, justa, faz sentido, mas e quando esses ritos levam a prejuízos? Às vezes, há mais malefícios do que benefícios para as pessoas envolvidas nessa tutela. E são muitos os campos onde isso acontece.

A intenção também impacta a violência. Os termos usados e as decisões trazem, muitas vezes, sinais claros de violência, atingindo os envolvidos e causando danos. A própria lógica que muitas vezes predomina, de punir em vez de educar e reestabelecer a possibilidade de bom convívio social, deixa sua marca. Embora seja um tema bastante complexo, se fizermos uma análise do quanto o sistema prisional tem contribuído para a transformação positiva dos que passam por ele veremos que muitos saem pior do que entraram, além de sofrerem episódios de violência. Isso muitas vezes estimula que a defesa de um acusado utilize todos os recursos possíveis para inocentá-lo, inclusive com manipulação dos fatos, mesmo que ele seja responsável pelo ocorrido, tendo em vista o grau e a intensidade da punição – baseada na crença equivocada da sociedade de que quanto maior a punição maior o desestímulo ao ato praticado. Este livro não é o campo para uma análise detalhada dessas questões, mas serve como um indicativo da falta de respeito existente, que precisa ser encarada e transformada.

A intenção e a verdade impactam ainda a comunicação no âmbito jurídico, pois ele tem a função de nortear, direcionar as relações, o que demanda clareza de atos, consequências e intenções. A comunicação impacta e influencia diretamente os comportamentos, pois estabelece parâmetros e dá direcionamentos. Então, ela deve prezar pela acessibilidade (capacidade e facilidade em receber e compreender a informação por todos os públicos), verdade, intenção positiva, justiça e respeito.

Os desafios para transformar essa realidade são muitos, mas é preciso colocar isso como prioridade. Mesmo entre muitos profissionais do mundo jurídico existe um sentimento de que a justiça não acontece da forma que deveria acontecer, e que as pessoas não são respeitadas como deveriam.

A intenção fundamental, nessa área e em todas, deve ser a de criar um mundo melhor, com mais respeito, e os principais propulsores para essa mudança são os próprios profissionais da área. Um mundo jurídico com mais respeito vai trazer, inclusive, muito mais paz para os seus agentes (que sofrem mental e emocionalmente por conviverem com tanto estresse e conflitos).

Existem muitos profissionais envolvidos e diversas iniciativas em curso para a transformação rumo a mais respeito, como o foco em uma cultura de paz, o crescimento da mediação e da arbitragem, a busca por identificar demandas predatórias, principalmente quando elas têm um potencial de se tornarem repetitivas, aspectos como cooperação e lealdade processual, o desenvolvimento da Justiça Restaurativa – que procura pacificar, envolvendo todas as partes com o objetivo de ajudar a vítima a superar o ocorrido e responsabilizar todos os que contribuíram para a ocorrência do evento danoso, restabelecendo um equilíbrio e satisfazendo minimamente a todas as partes –, entre outras. Essa transformação também precisa passar pelo ensino do Direito, deixando de alimentar a cultura do litígio e focando na cultura da paz, do respeito e da justiça.

O mundo jurídico abarca muitos interesses e visões, mas uma forma de unir e transformar esse modus operandi e toda lógica que até hoje prevalece nas decisões é estabelecer o respeito e ter suas Sete Leis como base para esse repensar, trazendo presença e lembrança a todos os envolvidos.

Se isso efetivamente for feito, existe uma possibilidade de trazermos mais respeito para o mundo jurídico. É um caminho para vivermos melhor, com mais paz, justiça, verdade e, obviamente, respeito.

31.
Respeito e tecnologia

"O maior desafio de uma tecnologia é fortalecer o respeito."

Por que um capítulo neste livro dedicado à relação entre respeito e tecnologia? E por que você deve prestar atenção a essa relação?

A tecnologia envolve o entendimento e o uso de técnicas, métodos e formas que dão suporte à atividade humana, impactando o modo como decidimos, nos relacionamos, nos comportamos e fazemos as coisas. Quando entendemos o quanto o ser humano, muitas vezes, decide e age sem consciência, de maneira mecânica, a partir de uma percepção distorcida da realidade – já que foi influenciado pelos filtros e condicionamentos da sociedade em que vive (padrões), e que impedem o seu acesso direto à percepção da realidade –, temos uma ideia do peso que a tecnologia pode ter na sua tomada de decisão e na construção de um mundo melhor ou pior. É importante estarmos conscientes dos impactos e efeitos da tecnologia para podermos efetivamente agir com consciência e respeito.

A tecnologia não é boa nem ruim. O que gera positividade ou negatividade é o seu uso – e também o porquê (o motivo) e o como (a forma) escolhemos direcionar essa tecnologia, se para fins positivos ou negativos. Por um lado, é um direito do ser humano criar e usar tecnologia, afinal ele tem essa capacidade (é um homo sapiens, aquele que pensa e raciocina), e esse desenvolvimento tende a ser infinito. Entretanto, o respeito e a ética precisam estar presentes na razão, na criação e no direcionamento do seu uso para que possamos ter externalidades positivas, conforme vimos nas Sete Leis do Respeito, particularmente nas da Intencionalidade Positiva e da Não Violência, da Escolha e da Ação Positiva e da Consequência Positiva.

Em alguns momentos da História, novas tecnologias de propósito geral – que afetam basicamente todas as outras tecnologias – trouxeram grandes e significativas mudanças, pois impactaram de maneira geral e profunda na forma como produzimos e vivemos. Isso aconteceu com o carvão, a eletricidade e a computação, que provocaram revoluções industriais e de vida. Agora, temos a Inteligência Artificial (IA), que se configura da mesma forma e é uma das bases da chamada Quarta Revolução Industrial, juntamente com outras tecnologias. Também olhando historicamente, temos que estar conscientes de que as novas tecnologias, muitas vezes, foram desenvolvidas e utilizadas a serviço de seus financiadores. Em outras palavras, trazem benefícios direcionados principalmente para um grupo específico, que concentra o poder e a propriedade, de forma não simétrica, equilibrada e, portanto, respeitosa, quando pensamos na sociedade. O AI Index, relatório feito pela Stanford University, que traz ano a ano o que acontece em IA, mostra a concentração do investimento, desenvolvimento e uso em determinados países e no setor privado. Esses aspectos precisam ser considerados para termos respeito na tecnologia.

Neste capítulo, faremos uma reflexão focada nos princípios gerais que devem nortear a criação e o uso da tecnologia, com ênfase na IA, objetivando que o conceito de respeito, que é cuidar, se importar, ajudar, possa estar à frente e conduzir seu processo de criação, direcionamento, utilização e acompanhamento. Como o desenvolvimento e as aplicações de IA ocorrem em um ritmo muito rápido, em vez de refletirmos sobre aspectos específicos, focaremos em aspectos gerais – princípios. Além de ouvir alguns especialistas, uma plataforma de IA foi consultada sobre aspectos relacionados à ética e ao respeito no seu uso.

Existem muitas formas de se definir a Inteligência Artificial, mas aqui vamos considerar a tecnologia que permite unir capacidades de raciocínio (uso da lógica), aprendizado, reconhecimento de padrões e de inferência. Ela impacta em quase todas as áreas e se utiliza de bases de dados para balizar as suas ações.

O primeiro aspecto relacionado ao respeito na IA se dá sobre as diretrizes utilizadas para as inferências, bem como as possibilidades do seu uso efetivo. Quais são os comandos permitidos? Existem limites claros e intransponíveis? Como isso é efetivamente feito? Qual o objetivo do seu uso? Como possibilitar que a visão não seja parcial e que inclua o contraditório? Precisamos ampliar a visão na criação e no uso da tecnologia, deixando de ver apenas (ou com grande ênfase) o que será feito com ela, para incluir os aspectos relacionados a como será usada e, principalmente, a razão de ela existir – até porque essa compreensão vai interferir diretamente no seu efeito. Em uma análise ética, que aqui vira um sinônimo de respeito, temos 3 de questões fundamentais que devemos nos fazer para decidir sobre uma ação, e que podem ser perfeitamente aplicadas ao desenvolvimento, diretrizes e uso de uma determinada tecnologia: Eu posso? Eu quero? Eu devo? Não é deixar de desenvolver e usar, mas é assumir a responsabilidade da escolha de forma consciente e positiva.

Outro ponto fundamental é a qualidade da base de dados que será utilizada por ela para um foco específico, pois, por exemplo, se usamos a base de uma população específica e extrapolamos para outras, temos uma falta de acuracidade, com consequências negativas. A tecnologia também pode gerar (na verdade replicar) vieses que estão nas bases de dados consultadas e que trazem uma forma de percepção distorcida ou limitada da realidade.

Como já apontamos, o ser humano, de forma geral, já tem um acesso limitado à realidade, pois é muito condicionado e olha as coisas a partir da visão de uma cultura, de padrões que foram determinados por experiências de outras pessoas. Isso mostra o desafio da IA, pois, com ela, olhamos para a realidade a partir de um filtro realizado por uma inteligência artificial (não humana). Outra forma de dizer é que vamos olhar para uma forma humana padronizada, limitada, estabelecida por uma análise de um conjunto de dados. Aqui há um paradoxo, pois ela é e não é humana, já que por um lado foi baseada na visão humana, mas por outro perdeu a subjetividade e a singularidade humanas. Com isso, o livre arbítrio, que já é limitado pela padronização citada acima, que reduz o nosso repertório de escolhas, pode ficar ainda mais reduzido, devido ao direcionamento feito, incluindo um controle (sutil ou mais intenso) das nossas escolhas.

Então podemos compreender que a IA muda a forma como olhamos para as coisas. Essa nova perspectiva, com o tempo, pode influenciar o comportamento humano, transformando essa forma de olhar em uma nova referência. Assim, as coisas, em si, podem ser modificadas por essa mudança de percepção, o que pode ser bom ou ruim. Além disso, dependendo de como a ferramenta analisa os dados, pode criar distorções, como alucinações – ou seja, a análise cria uma falsa realidade. Se houver um direcionamento do processo decisório baseado em informações distorcidas, teremos falta de transparência, vieses, discriminação e injustiça.

Outro aspecto é que todo modelo estatístico de probabilidade traz uma variável de incerteza (ou seja, ele nunca vai acertar 100%) e também pode engessar e limitar a percepção de uma situação específica. Aqui tem existe um risco para as minorias, que podem sofrer com a padronização da realidade, não sendo propriamente consideradas. Importante lembrarmos que uma tecnologia não está comprometida com a verdade, e sim com o comando e o uso que foram dados a ela. Para nos mantermos conectados à verdade, precisamos checar os fatos, fazer sempre uma análise crítica, desenvolver autonomia decisória, criar conexões com os sentimentos e impactos subjetivos em nós e nos outros, entre outros aspectos.

Uma tecnologia baseada em algoritmos serve para unir pessoas com interesses semelhantes, o que pode ser muito positivo, quando falamos de atuar em situações de respeito, ou pode ser algo bem destrutivo, como quando unimos pessoas com interesses ou intencionalidade negativa.

A forma e a velocidade de implantação de uma tecnologia também devem ser avaliadas para não causarem danos. Devem ser incorporadas à nossa experiência de viver sem limitar essa experiência. Devem levar à liberdade, em vez de ser apenas outro tipo de cela à consciência. O ritmo muito forte de desenvolvimento e a competição entre as empresas, motivadas por vender mais seus produtos, não pode desrespeitar o processo de adaptação das pessoas. Esse cuidado é importante e base para o respeito.

Outro fator é que a tecnologia deve permitir, de maneira fácil, o acesso à fonte dos dados sobre a referência utilizada (que é o mesmo que dizer qual foi a realidade considerada), bem como que lógica/raciocínio foi utilizada.

A IA tem usos benéficos, como diagnósticos, predição, pode ajudar a analisar o que uma determinada população ou grupo precisa a partir de suas necessidades e características, entre outros. Entretanto, mesmo quando o uso de IA tem intenção positiva, há o risco de causar dano, como quando um sistema reconhece o sotaque de determinado grupo e o classifica de maneira negativa. Isso aponta para uma ambiguidade, pois uma mesma aplicação pode ter externalidades positivas e negativas.

Existem tecnologias, como a realidade virtual e a realidade aumentada, que devem ser analisadas sob o mesmo prisma do respeito à verdade e à realidade. A criação de um mundo paralelo torna muito mais fácil enganar os outros, com avatares distantes da realidade e argumentos que fazem as pessoas se relacionarem ou comprarem coisas que não têm lastro com a verdade. O uso de avatares pode gerar ou intensificar aspectos negativos que temos no mundo real, como discriminação e preconceito, espelhando e fortalecendo vieses negativos.

Há também a questão da nossa identificação com uma fantasia criada na realidade virtual, em que passamos a acreditar que somos aquilo ou vivemos aquela situação virtual. Se nós já fazemos isso normalmente quando nos defrontamos com uma realidade indesejada, ou seja, fantasiamos, como um mecanismo de defesa, imagine isso com as facilidades que a tecnologia traz – em que as fantasias criam texturas, cores, imagens, efeitos e se tornam mais "reais", com um apelo maior para nos tirar da realidade. Isso precisa ser pensado, não com o intuito de proibir (até porque seria impossível), mas sim para aprendermos a fazer um bom uso, que nos traga benefícios e evite que nos percamos nas fantasias – algo que pode até se tornar patológico.

IA pode ser usada para ajudar no processo de autoconhecimento, mas isso exige cuidados para não haver manipulação, cerceamento ou até agravamento de um problema. Por exemplo, muitas das conversas realizadas com assistentes virtuais estão relacionadas a problemas pessoais, como estresse e frustrações amorosas. A falta de respostas adequadas ou a fixação nessa forma virtual de relacionamento pode reforçar o isolamento e a falta de conexão com outras pessoas.

Uma questão importante é que muitas vezes não temos total entendimento da maneira como o processamento das informações pela IA acontece. Ela gera uma saída probabilística, mas não é totalmente previsível e não é possível explicar em detalhes como as informações são processadas, mesmo buscando responder por similaridade. Para que isso fique mais evidente, é importante que ela seja acompanhada por uma terceira parte, como um governo, instituto independente etc., que ajude a checar se a forma como as informações são processadas está adequada, garantindo o respeito no processo.

A hipervigilância – ou capitalismo de vigilância, explicado por Shoshana Zuboff como uma arquitetura digital presente em todos os lugares e que age em prol dos interesses de quem tem o capital – permitida pela tecnologia, com o acesso e controle das nossas informações e escolhas pessoais, com o objetivo de ter previsibilidade sobre nossos comportamentos e de como interferir e modular nossas condutas, desejos, escolhas e formação de posições políticas, representa um desrespeito ao nosso direito à privacidade e, no fundo, à própria escolha, já que a cerceia e direciona. Muitas vezes ela também é utilizada para nos induzir ao consumo desnecessário.

Para que haja respeito, é preciso que todas as partes que se relacionam com a IA e as tecnologias, como empresas (principalmente as Big Techs, que concentram mais poder), desenvolvedores/criadores, compradores, usuários, governo/legislador, terceiros (como institutos e órgãos de acompanhamento e certificação) e sociedade em geral se conscientizem sobre o tema e suas implicações.

Todos os aspectos acima trazem desafios para características humanas fundamentais, como fluxo, subjetividade, organicidade, sincronicidade, espontaneidade e singularidade. Por isso, o desenvolvimento de IA com respeito envolve focar em aprender com as pessoas – sem que isso signifique reforçar os seus erros –, bem como incorporar os valores humanos e aspectos como ética, transparência, explicabilidade, imparcialidade, privacidade, robustez e segurança. Outras questões importantes são representatividade, responsabilização (acountabilitty) e governança.

De maneira mais objetiva, existem riscos complexos e multifacetados ao respeito (ou seja, ao fazer o bem) no uso de IA. Entre eles temos:

- **Segurança física e psicológica das pessoas** – pois a IA dirige carros e controla armamentos, bem como interage com a pessoa, podendo causar danos psicológicos.
- **Vieses, discriminação, preconceito, falta de equidade** – pois os dados de base (algoritmos) podem apresentar tendências e reproduzir comportamentos discriminatórios e não igualitários já existentes na

sociedade. Isso pode levar a decisões discriminatórias ou injustas em áreas como a contratação de pessoas, concessão de crédito, acesso à saúde, entre outras.
- **Privacidade, manipulação e vigilância** – a IA pode ser utilizada para espionagem, bem como monitoramento, coleta e manipulação em massa, sem o consentimento ou conhecimento das pessoas, o que pode ferir sua privacidade e autonomia.
- **Transparência** – a IA pode tomar decisões complexas e difíceis de explicar, sem clareza do motivo das decisões ou o raciocínio para determinada conclusão (opacidade), o que pode dificultar a avaliação de sua justiça ou correção. Em algumas áreas, como saúde e justiça, decisões equivocadas podem ter consequências graves.
- **Autonomia não supervisionada** – a IA pode ser programada para agir de forma autônoma, sem intervenção humana direta. Isso pode levar a situações em que a IA toma decisões prejudiciais ou perigosas, sem que haja a possibilidade de intervenção humana para corrigir o curso das ações.
- **Dependência excessiva** – a IA pode ser usada de forma a criar uma dependência excessiva em relação à tecnologia, o que pode levar à perda de habilidades humanas e a uma falta de autonomia.

Segundo a própria IA, a quem esta questão foi feita, existem alguns cuidados que podem ser tomados para garantir que ela atue de forma segura e não cause danos às pessoas, como:

1. Garantir que os dados de entrada utilizados para treinar a IA sejam precisos e representativos da população em geral, de modo que a IA não reproduza preconceitos e desigualdades existentes na sociedade;
2. Assegurar que a IA seja transparente, ou seja, que possa explicar como chegou a determinada decisão ou resultado;
3. Limitar o escopo de atuação da IA, de modo que ela só seja utilizada em tarefas que possam ser compreendidas e que não envolvam riscos para as pessoas;
4. Garantir que a IA seja supervisionada e que possa ser desligada ou interrompida caso comece a apresentar comportamentos indesejados;
5. Realizar testes extensivos em diferentes ambientes e situações para avaliar a segurança e eficácia da IA;

6. Estabelecer regulamentações e leis que orientem o uso da IA de forma ética e responsável;
7. Promover a educação e a conscientização sobre as implicações da IA para a sociedade, de modo que as pessoas possam tomar decisões informadas sobre sua utilização, pois um usuário sem entendimento mais profundo, que é a maioria, pode ser equivocadamente orientado.

Os cuidados acima têm ainda mais relevância quando pensamos em prevenir o uso de forma hostil da tecnologia, ou seja, com foco intencionalmente negativo e associado a atividades criminosas, como ransomware (software de extorsão), invasão de sistemas para roubar dados, fraudes, ataques cibernéticos, criação de vírus ou mesmo dispositivos que ameacem o bem-estar da sociedade.

Respeito envolve criar formas de prevenir o uso de IA em cyber crimes e outros tipos de ações violentas. Isso passa por: incentivar o ensino do respeito e da ética; conscientizar as pessoas sobre os riscos existentes e as formas de prevenção; ter leis que agravem o crime quando a IA for utilizada; incentivar a cooperação entre organizações para identificar e prevenir esse uso; criar algoritmos ou sistemas que limitem ou impeçam o uso negativo da IA, incluindo o acesso a determinados dados; utilizar a própria IA para monitorar e detectar os riscos no início, na utilização e como contramedidas automatizadas para lidar quando isso acontecer.

Os mesmos cuidados e princípios devem ser tidos com outras tecnologias e seus campos, como nanotecnologia, neurociência e suas aplicações na mente, engenharia genética, redes sociais etc. Já existem legislações em diversos países e diretrizes internacionais que buscam nortear esse desenvolvimento, sendo o conhecimento delas e a real adesão de todos um aspecto importante para que o respeito exista.

A tecnologia pode gerar um mundo mais respeitoso e melhor ou menos respeitoso e desconectado de nós. Só depende da nossa consciência e vontade. Qual será a nossa escolha?

32.
Cultura do respeito

"Que lugar melhor pode haver senão onde há respeito?"

Por tudo que vimos neste livro, e que já foi algumas vezes citado, para efetivamente criarmos uma cultura de respeito é preciso levar as Sete Leis do Respeito para a prática, para o processo decisório, para as ações, para o nosso dia a dia, para todos os lugares. Em outras palavras, entendo que, além da nossa própria casa, é preciso levar com seriedade o respeito a todas as instituições, escolas, universidades, empresas, governos, legislativo, executivo, judiciário, ONGs, clubes, hospitais, clínicas etc. Levar o respeito significa sensibilizar, capacitar, criar, desenvolver, manter e acompanhar comportamentos e valores que dão sustentação a uma cultura do respeito em cada uma das pessoas dessas organizações. Esse trabalho pode ser feito de diferentes formas e tem muitos desdobramentos. Aproveito aqui para apresentar em linhas gerais a metodologia a qual eu chamo de Programa de Cultura do Respeito nas Organizações, e que é baseada em 4 pilares:

1. Diagnóstico da realidade existente (onde há e onde falta respeito), bem como uma fotografia do contexto e do repertório da organização;

2. Sensibilização e desenvolvimento de um entendimento profundo de cada uma das Sete Leis do Respeito nos colaboradores e em toda a cadeia;

3. Envolvimento e fornecimento de ferramentas (como mapas) para que cada pessoa olhe para a sua realidade (autodiagnóstico), assuma a sua autorresponsabilidade e seja íntegra com o respeito, tanto na sua vida na organização (nas diferentes áreas/funções) como na pessoal;

4. Aplicações práticas das Sete Leis do Respeito na organização, com definição de ações, monitoramento e melhoria contínua.

Essa metodologia permite a interação com outras ações de melhoria e trabalho de cultura desenvolvidos na organização, inclusive áreas específicas (como compliance, ética, gestão de pessoas etc.), unindo as iniciativas para que o respeito aconteça. Isso também inclui a possibilidade de parcerias com empresas e profissionais que atuam no campo de desenvolvimento humano – afinal, juntos somos mais. E os benefícios são muitos. Por exemplo, e como já vimos, o respeito é base para criar união e gerar alta performance, de forma humanizada e positiva. Possibilita, dentro de uma organização, um ambiente com diversidade, equidade e inclusão. Mas esse trabalho exige uma lembrança constante, já que o esquecimento do respeito e de seus elementos é um dos principais entraves para que possamos agir adequadamente, criarmos e vivermos em uma cultura do respeito.

O Caminho do Respeito e do Autorrespeito

"O respeito é o caminho e, ao mesmo tempo, o lugar de chegada."

O cultivo do respeito, integrando-o efetivamente na cultura, tanto no âmbito individual como coletivo, é o que nos permite fazer a jornada da violência para a paz, do medo à confiança, do egoísmo ao altruísmo, ou, em outras palavras, caminharmos para uma vida melhor para todos.

Além da metodologia voltada às organizações, apresento uma jornada individual – "O Caminho do Respeito e do Autorrespeito", que ajuda a trazer para a vida das pessoas os aspectos abordados nas Sete Leis do Respeito (e que também são as bases para o Autorrespeito). Além dos mapas que estão no capítulo três, outro exemplo dessa metodologia é o exercício chamado de "Registro do Respeito". Ele consiste em se ter um caderno ou local onde diariamente anotamos onde desrespeitamos a nós mesmos ou ao outro. Serve para registrarmos e olharmos com objetividade e não deixarmos a mente nos trair, levando-nos ao esquecimento desses fatos e de suas repetições. Não é para se culpar ou castigar, mas apenas identificar onde ainda falhamos em agir a partir do respeito. Esse material não deve ser dividido ou mostrado a ninguém – exceto, se for o caso, a um terapeuta ou pessoa que está na função de ajudar a ampliar a sua consciência – para que você possa ser o mais sincero possível, sem ter qualquer receio de ser julgado por agir com honestidade radical. Essa identificação é o primeiro passo para a transformação destes aspectos. É uma fase muito importante do Caminho do Respeito e do Autorrespeito.

Há também uma fase de reconhecimento dos nossos valores e forças que sustentam o respeito, como forma de alimentar e incentivar o uso e crescimento do que já temos.

No gráfico abaixo, trago um resumo dos principais aspectos deste caminho, em que saímos de um lugar onde estamos identificados com o nosso ego, nossas projeções, dores etc., para um lugar onde não mais nos identificamos com o ego (personalidade, máscara, papéis etc.), apenas somos, ou seja, onde o respeito reina.

O CAMINHO DO RESPEITO E DO AUTORRESPEITO

fase 1 = identificação

- reconhecimento da falta de respeito
- ↓
- identificação das causas, motivações, dores e consequências
- ↓
- estudo, aprendizado, transformação, reconhecimento de suas forças, desidentificação

isso nos faz desenvolver:

- autenticidade
- propósito
- autorrespeito
- fluxo
- relacionamentos harmoniosos
- respeito e paz

fase 2 = não identificado

Ferramentas usadas: atenção, auto-observação, autoconhecimento, autorresponsabilidade, autoconfiança = presença

É para esse lugar que entendo que todos devemos ir. Acrescento aqui a metodologia 5A's, que utilizo e apresento abaixo de forma simplificada (mas que foi citada de outras formas durante os capítulos), pois ela ajuda neste caminho, utilizando: Atenção, Auto-observação, Autoconhecimento, Autorresponsabilidade e Autoconfiança.

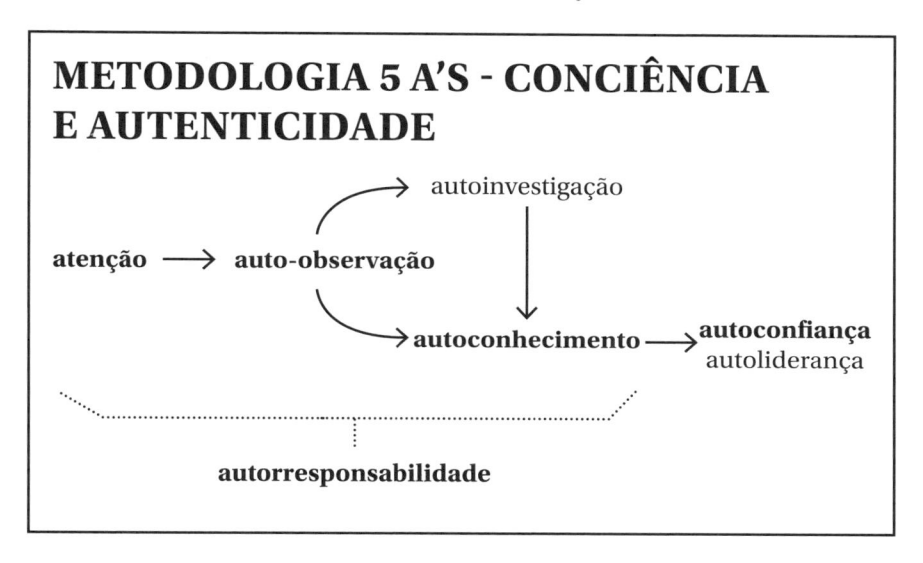

METODOLOGIA 5 A'S - CONCIÊNCIA E AUTENTICIDADE

atenção → auto-observação → autoinvestigação → autoconhecimento → autoconfiança / autoliderança

autorresponsabilidade

Por fim, quero convidar você a ir além da mera leitura deste livro e realmente colocar essa cultura do respeito em prática na sua vida, nas suas relações, no seu trabalho. Que você possa receber essa semente e cultivá-la, para que o respeito possa florescer em sua vida. Assim todos sentiremos o perfume dele e seremos mais felizes.

Você pode obter mais informações sobre o meu trabalho sobre respeito e sobre outros temas (como mindfulness, ética, liderança, assédio, saúde mental e equilíbrio emocional, autoconhecimento, team building transformacional, etc) em www.edufarah.com.br

Referências bibliográficas

BABA, Sri Prem. Amar e ser livre: as bases para uma nova sociedade. Fortaleza: Demócrito Dummar/Agir, 2015.

BABA, Sri Prem. Propósito. Rio de Janeiro: Sextante, 2016.

BARRET, Richard. Coaching evolutivo: uma abordagem centrada em valores para libertar o potencial humano. Rio de Janeiro: Quality-mark, 2015.

FARAH, Eduardo Elias. A ética e suas implicações nas ações de marketing dos médicos. São Paulo: Tese de doutorado, FGV, 2004.

FARAH, Eduardo Elias. Mindfulness para uma vida melhor. Rio de Janeiro: Sextante, 2018.

FARAH, Eduardo Elias. Siga o mestre. São Paulo: Clarear, 2013.

GOLEMAN, Daniel. O cérebro e a inteligência emocional: novas perspectivas. Rio de Janeiro: Objetiva, 2012.

LALOUX, Frederic. Reinventando as organizações: um guia para criar organizações inspiradas no próximo estágio da consciência humana. Curitiba: Voo, 2017.

LAMA, Dalai. Uma ética para o novo milênio. Rio de Janeiro: Sextante, 2000.

PIERRAKOS, Eva; THESENGA, Donovan. Não temas o mal. São Paulo: Cultrix, 1995.

PIERRE WEIL, Pierre; LELOUP, Jean-Yves; CREMA, Roberto. Normose: a patologia da normalidade. São Paulo: Vozes, 2017.

RANK, Otto. O trauma do nascimento: e seu significado para a psicanálise. São Paulo: Cienbook, 2016.

ROSENBERG, Marshall B. Comunicação não violenta: técnicas para aprimorar relacionamentos pessoais e profissionais. São Paulo: Àgora, 2006.

SCHARMER, Otto; KAUFER, Katrin. Leading from the emerging future: from ego-system to eco-system economies. Berrett-Koehler, 2013.

URY, William. O poder do não positivo. São Paulo: Campus, 2007.

ZOHAR, Danah; MARSHALL, Ian. QS: inteligência espiritual. São Paulo: Viva Livros, 2012.

ZUBOFF, Shoshana. The age of surveillance capitalism: the fight for a human future at the new frontier of power. PublicAffairs, 2020.

Este livro foi impresso pela PifferPrint em outubro de 2023.
Fontes: Utopia e Venti CF
Papel Cartão Supremo 250g/m² e Off-set 75g/m²